音频放大器常用电子管选型指南

东晨 编

科学出版社
北京

内 容 简 介

电子管放大器以其独特的"高保真"音质,令广大音响发烧友趋之若鹜。这也是过去几十年电子管在半导体器件的碾压下,偏居一隅却历久弥坚的主要原因。

本书结合历年来见诸报道的电子管放大器制作,特别是知名品牌电子管放大器所用的管型,从适合音频放大的发射管、电视机用电子管中,遴选以300B、2A3、KT88和EL34为代表的功率放大管,以12AX7、12AT7、12AU7、6SN7和6DJ8为代表的电压放大管,以及整流管等约200种电子管,整理主要参数,总结应用经验。

本书可作为电子管放大器/音响爱好者的参考书,也可供大学电子工程专业师生查阅。

图书在版编目（CIP）数据

音频放大器常用电子管选型指南/东晨编.—北京：科学出版社，2022.9
ISBN 978-7-03-072829-6

Ⅰ.①音…　Ⅱ.①东…　Ⅲ.①音频放大器 – 电子管放大器 – 指南
Ⅳ.①TN722.1–62

中国版本图书馆CIP数据核字（2022）第141944号

责任编辑：杨　凯 / 责任制作：付永杰　魏　谨
责任印制：师艳茹 / 封面设计：张　凌

北京东方科龙图文有限公司　制作

http://www.okbook.com.cn

科学出版社 出版

北京东黄城根北街16号
邮政编码：100717
http://www.sciencep.com

北京九天鸿程印刷有限责任公司　印刷

科学出版社发行各地新华书店经销

*

2022年9月第 一 版　　开本：787×1092　1/16
2022年9月第一次印刷　　印张：13
字数：260 000

定价：128.00元
（如有印装质量问题，我社负责调换）

凡　例

电子管的历史

1873 年,弗雷德里克·格思里(Frederick Guthrie)报告了他在实验中的发现:当白热化的接地金属接近带正电荷的验电器时,验电器的电荷会被"吸引"走,而带负电荷的验电器不会发生类似现象。

1874 年,两名加拿大电气技师申请了一项关于电灯的发明专利:在玻璃泡中以通电的碳杆发光。1875 年,托马斯·爱迪生(Thomas A. Edison)购买了此专利,此后便一直致力于灯泡的改良,于 1879 年制成了碳化棉丝灯泡。其间,爱迪生发现通电后灯丝(碳丝)会变细,玻璃泡内部会变黑(升华现象),细到一定程度便被烧断。1880 年,随着碳丝灯泡寿命的增加(实验室寿命 1200h)与研究的深入,爱迪生观察到通过直流电的灯丝并不是均匀变细,而是大概率在正极端变细后被烧断的。

1882 年,爱迪生的助手艾普顿(Upton)想到一个方法:若在灯丝外面增加遮蔽物,并施加一定的电压,也许能解决灯丝不均匀变细的问题,从而延长灯泡寿命。之后,他不断地改变电极的形状与连接方法进行试验,但均以失败告终。

1883 年 5 月 13 日,艾普顿在试验过程中观察到,当悬空的电极上施加正电压时,串联在电极与电源之间的电流表居然有摆动!施加负电压,则不会有此现象。在当时,没有接触却有电流,这是一件不可思议的事情,敏感的爱迪生肯定这是一项新的发现,并设想根据这一发现也许可以改良电流表、电压表。为此,他在 1884 年申请了一项用这个特殊灯泡取代直流电压表中分压电阻的专利。不过,这项专利更多地是为了防止别人声称最早发现了"爱迪生效应",因为当时爱迪生正潜心研究城市电力系统,且这种装置实际上并不能看出有什么实用价值。

现代研究表明,所谓的"爱迪生效应"就是热发射效应。热发射是一种通过热激发发射载流子(电子或离子)的方式,即热能使热载流子克服了束缚势能。在金属材料中,该束缚势能被称逸出功。

金属中的自由电子与气体分子相似作无规则热运动。在室温下,只有极个别电子的动能超过逸出功,从金属表面逸出。一般当金属温度上升到 1000K 以上时,动能超过逸出功的电子数目急剧增多,大量电子由金属中逸出,即发生热电子发射。

除热电子发射外,电子流或离子流轰击金属表面产生的电子发射称为二次电子发射,外加强电场引起的电子发射称为场效发射,光照射金属表面引起的电子发射称为光电发射。在电真空器件领域,各种电子发射都有其特殊的应用。

若无外电场,电子在向真空界面逸出的过程中,将受到金属界面的吸引而在金属表面附近堆积,成为空间电荷——它将阻止热电子继续发射。电子只有克服此吸引，才能脱离金属，成为真正的自由电子。通常，电子管中被加热的金属丝为阴极，发射热电子；另置一金属板为屏极，加正电压，使热电子在电场作用下从阴极到达屏极；这样不断发射、不断流动，形成电流。

二极管

第一个真正的热离子二极管由约翰·安布罗斯·弗莱明（John Ambrose Fleming）于 1904 年 11 月 16 日发明。

弗莱明，师从麦克斯韦（James Clerk Maxwell），定义了右手定则。其早年间曾担任爱迪生公司的科学顾问。1884 年，爱迪生向弗莱明展示所谓的"爱迪生效应"。1899 年，弗莱明为马可尼（Guglielmo Marconi）设计了世界上第一台大型无线电报发射机。当时的无线电报接收机使用金属粉末检波器，将交流信号转化为直流电。金属粉末检波器结构复杂、效率很低。为进一步增大通信距离，经过反复试验，弗莱明利用"爱迪生效应"于 1904 年研制出一种能够为交流电整流和在无线电报接收机中作检波器的装置。他把这个装置称为"热离子阀"（"阀"是"开关"的意思），

并用这个名称申请了专利。这个装置正是世界上第一只电子管，也就是人们后来所说的"真空二极管"。

弗莱明的二极管在此后的几十年里被用于无线电接收机和雷达，直到 50 多年后被固态电子技术淘汰。1915 年 4 月，通用电气推出了第一个用于电源电路整流的真空二极管（图 1）。

三极管

最初，二极管唯一的用途是检波，而不是放大。1907 年，德·福雷斯（Lee de Forest）为提高二极管检波灵敏度，尝试在二极管的阴极（灯丝）和屏极之间增加了一个栅栏式样的电极（栅极）。随后发现，若在栅极施加比阴极低的负电压，阴极到屏极的电流量将减小，即负静电场抑制了电子通过。如果将栅极靠近阴极，则栅极很小的电压变化，即可引起屏极电流较大的变化，且变化规律完全一致（图 2）。

在发明晶体管的 1948 年之前，三极管是电话通信网、广播和雷达等领域的关键器件。不过，受到当时抽真空工艺的限制，管内还是存在很少的残余气体，屏极电压稍高（约 60V）就会导致发蓝色光（可见

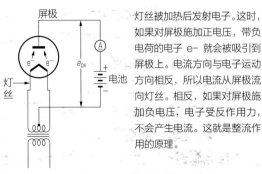

灯丝被加热后发射电子。这时，如果对屏极施加正电压，带负电荷的电子 e- 就会被吸引到屏极上。电流方向与电子运动方向相反，所以电流从屏极流向灯丝。相反，如果对屏极施加负电压，电子受反作用力，不会产生电流。这就是整流作用的原理。

图 1　二极管的原理

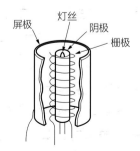

图 2　三极管的结构（旁热管）

电离），并且其物理原理也没有搞清楚。以现代观点来看，福雷斯发明的电子管更像离子管（充气管），与超高真空的现代电子管相比，工作原理略有不同。

随后的 1912 年，欧文·朗缪尔（Irving Langmuir）改良扩散泵，并制成了现代意义的高真空三极管。朗缪尔最大的贡献是建立了二极管的数学模型，并将多极管划归为等效二极管，这才使电子管进入实用阶段。另外，朗缪尔还发现，在灯泡中填充氩等非活性气体可以大幅提升钨灯丝的寿命，灯泡制造过程的关键在于各阶段都必须保持极高的洁净度，将灯丝弯绕成紧密的线圈可以提高发光效率。

多极管

1927 年，阿尔伯特·华莱士·赫尔（Albert Wallace Hull）发明了四极管，以消除高频振荡，提高电子管的工作频率。1928 年，赫尔又将四极管改进为五极管，极大地改进了性能，成为使用最广泛的电子管。此外，赫尔还是磁控管和闸流管的发明人，研制出了能与玻璃无应力封接的铁镍钴合金。

结构上，三极管的屏极 – 栅极电容 C_{pg} 很大，不利于高频放大。为此，在栅极和屏极之间增加施加正电压的帘栅极（第二栅极），作静电屏蔽，以减小 C_{pg}。这就是四极管。四极管也有一个缺陷，若阴极运动到屏极的电子动能较高，则会在屏极表面碰撞出二次电子，二次电子会被正电位的帘栅极吸收，导致屏极电流减小，使工作状态不稳定。

为了消除这种不稳定，在帘栅极和屏极之间增加接阴极或接地的抑制栅极（第三栅极），就形成了"五极管"，如图 3 所示。屏极释放的二次电子被抑制栅极推回原位，无法到达帘栅极，这样就能不受二次电子的影响，保证工作稳定。

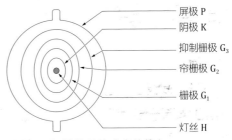

屏极 P
阴极 K
抑制栅极 G_3
帘栅极 G_2
栅极 G_1
灯丝 H

图 3　五极管的结构（旁热管）

除了引入抑制栅极，束射四极管通过特殊结构消除了二次电子的影响：平板状阴极、栅极网与帘栅极是圈圈相对的，屏极与帘栅极的距离较远，且两极之间的侧面增加了与阴极相连的弧状束射屏，如图 4 所示。

平板状阴极，阴极只向侧面成束状发射电子。栅极网与帘栅极是圈圈相对的，经过栅极的电子很少流入帘栅极，屏流 – 帘栅流比高。屏极与帘栅极的距离较远，使得电子穿过帘栅极到达屏极所需的时间

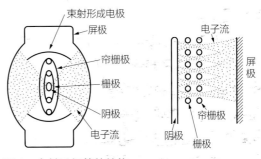

束射形成电极
屏极
帘栅极
栅极
阴极
电子流

电子流
屏极
帘栅极
阴极
栅极

图 4　束射四极管的结构

变长了，帘栅极与屏极之间存在大量的电子。这些电子会起到抑制栅极的作用，抑制二次电子。综上，束射四极管的屏流大、帘栅流小，故输出功率大、效率高，最适合作功率放大管。

电子管的结构

直热阴极

直热阴极如图 5（a）所示，金属材料本身的性能与加热温度决定了热电子发射的电流密度大小，故应选用熔点高而逸出功低的材料制作阴极。

早期灯丝采用易加工且耐高温的铂制作。后来，钨丝被广泛使用，但钨丝须长期工作在白炽状态下（2400 ~ 2700K），寿命不高。

后来发现，氧化钡逸出功较低，在较低的温度（950 ~ 1100K）下即具有良好发射性能，灯丝寿命得以延长，如 WE VT-1 就在铂丝上涂敷氧化钡作为阴极。再后来发明的多用于发射管的敷钍钨阴极（工作温度 1950 ~ 2000K），其发射效率是纯钨阴极的几十倍，如 GE UV-201A。

旁热阴极

如图 5（b）所示，阴极为镍制套管，外表面涂敷高发射效率的材料，灯丝置于套管内。与直热阴极不同，旁热阴极使用交流加热时，阴极电位不会发生变化，并且套管还能屏蔽灯丝的交流电压。阴极加热和电子发射功能分离后，可以使用更高

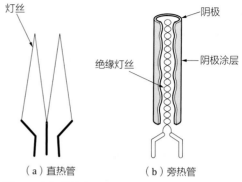

图 5 直热管的灯丝和旁热管的阴极

效的发射材料，大幅降低灯丝功率，延长使用寿命。

真空度和吸气剂

电子管内部必须保持很高的真空度（充气管例外）。通常，排气过程残余，电极处渗漏，气体吸附在金属表面加热后放气，都会引起内部真空度降低。为此，管内要加入吸收气体的物质，以维持真空。随着发展，吸气剂材料由红磷、镁逐渐演化到钡。

屏极

屏极必须选用散热快、饱和蒸气压低和逸出功大的材料，常见的有无氧铜、镍、钨、钼、钽等金属材料及石墨。为抑制次级发射和降低屏极温度，有时在屏极表面涂敷金属钴、钛和石墨。

早期材料是加工简单且耐热的纯镍，白色、有金属光泽的屏极就是这种材质。有光泽的屏极不易散热，要在表面涂炭黑，提高热辐射效率。后来，为了节省成本或提高性能，铁基镀镍屏极、铁基敷铝屏极、铜基敷铝铁等复合屏极相继出现。

芯柱

瓶形管的芯柱（电极支撑部分）呈扁形（图6），引出电极后，焊接在管座上。大8脚管的排气管置于管座中心销处，这样能够减小芯柱长度，改善高频特性。

筒形管（图7）与小型管的引出线或管脚，直接封接在玻璃底座上，故杂散电容和电感更小，高频特性显著改善。

图6　瓶形管芯柱　　　图7　筒形管芯柱

电子管的外形变化

随着需求与制造技术的提升，电子管的外形也发生了变化，如图8所示。

（1）最早期，球形玻璃管与由球形管派生的茄形管，均采用玻璃壳本身支撑电极，因电极头部未固定，故机械性能很差，抗冲击性很弱。

（2）瓶形管在玻璃管顶部用云母片固

（a）球形管（桂光101D）　（b）茄形管（RCA 250）　（c）瓶形管（RCA 50）　（d）筒形管（ECG 7581A）

（e）金属管（军规6AC7）　（f）小型管（E80L）　（g）锁式管（7F7）　（h）超小型管（ECG 6112）

（i）超小型抗震管（ECG 6112）　（j）12脚管（6C-A10）　（k）9脚玻璃管（6Q11）

图8　各种各样的电子管

定电极头部，所有电极固定在扁形芯柱上，结构稳定、可靠。

（3）筒形管配用大 8 脚管座，外形简洁。所有电极直接封接在玻璃底座上，故引线缩短，杂散电容和电感小，高频性能好。

（4）金属管的所有电极直接封接在玻璃底座上，外加铁壳保护，机械性能得到了大幅度提升。

（5）小型管的所有管脚直接封接在玻璃底座上，实现了小型化，在各种无线电设备中得到了广泛应用。

（6）锁式管在小型管基础上增加了底座与中心销，适用于车载无线电设备。

（7）超小型管取消了管座，引脚直接与电路焊接，适用于便携式无线设备、炮弹的近炸引信等，抗震性出色。

（8）超小型抗震管的特性优于当时的半导体器件，是 RCA 为电视机开发的超小型陶瓷 – 金属管。

（9）12 脚管和 9 脚管也属于小型管。

电子管的静态特性

二极管

对二极管的灯丝施加额定电压时，屏极电流 I_p 会随着屏极电压 E_p 的增大而增大，如图 9 所示。这种变化在理论上被称为空间电荷限制电流，如下式：

$$I_p \propto E_p^{3/2} \quad\cdots\cdots\cdots\cdots\cdots\cdots（1）$$

但电流受限于灯丝材料与阴极温度，不能无限增大。若屏极电压增大至单位时间从阴极发射的电子全部到达屏极，电流

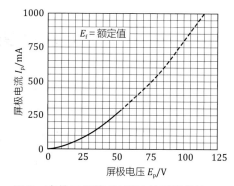

图 9　直热二极管 5U4GB 的屏极特性

将不再增大而饱和。这种饱和电流被称为温度限制电流。

整流电路，为限制屏极浪涌电流，防止管内打火，滤波电容与滤波电感要参照典型应用值，不可随意调整。同时要注意，整流回路内阻不低于典型应用值。实际上，电源变压器的绕组电阻一般够用，不足时可串联电阻补偿。

三极管

屏极电流 I_p 不仅随着屏极电压变化，还随着栅极电压 E_g 变化。如图 10 所示静态特性测量电路，以 E_p 为参数改变 E_g 时的特性如图 11 所示，以 E_g 为参数改变 E_p 时的特性如图 12 所示。平常所说的电子管特性曲线指的是图 11 所示的屏极特性曲线，根据 E_g 从 0V 到 –5V 时 E_p 和 I_p 的变化，可以计算电子管的三大参数。

图 12 所示为 E_p 为 100、150、200、250V 时 I_p 和 E_g 的关系，这就是栅 – 屏转移特性。

以上两种特性曲线皆为 E_g、E_p、I_p 三者之间的关系，仅是观察角度不同而已。

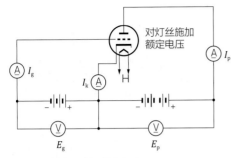

图 10　静态特性测量电路

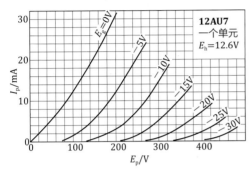

图 11　三极管 12AU7 的屏极特性（输出特性）

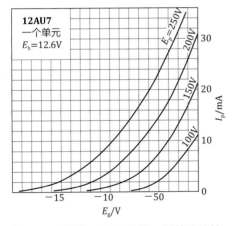

图 12　三极管 12AU7 的栅 – 屏转移特性

四极管和五极管（束射四极管）

四极管和五极管的屏极特性如图 13 所示，与三极管区别明显。

四极管的屏极电压低于帘栅极电压时，从阴极飞出的电子碰撞屏极所产生的二次

电子会流向帘栅极，故屏极电流有下凹区间（实际应用时与五极管同等对待）。由图可知，屏极电压的利用效率（工作范围）会大幅降低，且下凹区间呈现负阻特性，易引发振荡。

五极管（束射四极管）弥补了上述缺陷。与三极管（图 11）有所不同，四极管和五极管（束射四极管）的屏极特性曲线逐渐趋于水平，呈现恒流特性，即 E_p 增大而 I_p 不变。

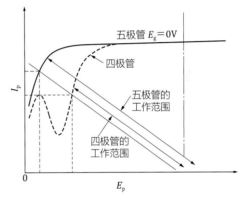

图 13　四极管和五极管的屏极特性（输出特性）

电子管三大参数的计算

放大系数 μ、跨导 g_m 和屏极内阻 r_p 的定义分别如下：

$$\mu = \frac{\Delta E_p}{\Delta E_g} \cdots\cdots\cdots\cdots\cdots (2)$$

$$g_m = \frac{\Delta I_p}{\Delta E_g} \cdots\cdots\cdots\cdots\cdots (3)$$

$$r_p = \frac{\Delta E_p}{\Delta I_g} \cdots\cdots\cdots\cdots\cdots (4)$$

对比这三个公式可知，$g_m \times r_p = \mu$。

下面以三极管 12AU7 的屏极特性为

例，基于作图法计算参数。

μ 的计算

μ 是屏极电流 I_p 保持不变时的放大系数。如图 14 所示，将屏极电流 I_p 设为固定的 8mA，栅极电压从 -5V 变为 -10V，即 ΔE_g=-5V 时，屏极电压从 138V 变为 246V。根据式（2），μ=(21-8)/(-5+10)=2.6。负号表示反向变化。一般情况下，μ 只有值，没有单位。

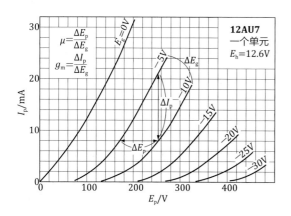

图 14 根据三极管的屏极特性计算 μ 和 g_m

g_m 的计算

g_m 是改变栅极电压时屏极电流变化程度的指数。与 μ 相同，只改变 ΔE_g=-5V，屏极电流将从 21mA 减小到 8mA。根据式（3），g_m=(21-8)/(-5+10)=2.6mS（或 mA/V）。

r_p 的计算

r_p 是电子管的交流内阻，用曲线的斜率表示。根据图 15，由式（4）可知 r_p=78/11.2≈7（kΩ）。

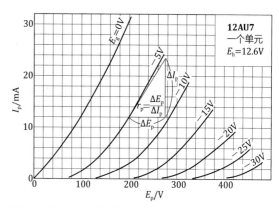

图 15 根据三极管的屏极特性计算 r_p

根据厂商的数据表，12AU7 的三大参数分别为 μ=20、g_m=3.1mS、r_p=6.5kΩ，与计算结果基本一致。要注意的是，不同测量条件的结果亦不同。

由图 14 和图 15 可知，随着屏极电流 I_p 的增大，各曲线的斜率也增大，即 r_p 逐渐减小。另外，E_p 增大后，曲线间距变小，即 μ 逐渐变小。

设计电路时一般参照厂商数据表中的典型应用，若设计工作条件与典型应用相距甚远，可使用换算系数对各参数进行修正。

依照三极管计算五极管（束射四极管）的三大参数，根据图 16，五极管的关键参数 g_m（$\Delta I_p/\Delta E_g$）的计算如下：

g_m=1.1mA/0.5V=2.2mS
同样，r_p=800kΩ。

五极管电压放大电路的放大系数为 $A=g_m \times R_p$，屏极负载电阻 R_p=100kΩ 时，A=220。从形式上，μ 可以根据三大参数的关系求出，但实际上放大系数 A 更加重要。

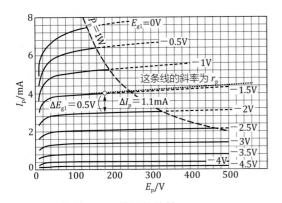

图 16　五极管 EF86 的屏极特性

电子管的运用

工作状态

• CCS

CCS（Continuous Commercial Service，连续商用服务）是大多数设备的一般工作状态，如家用电器、电子仪器等。

音频放大器，若无特殊场景，均为 CCS。

• ICAS

ICAS（Intermittent Commercial and Amateur Service，间歇商用与业余服务）一般指某类设备短时间的特殊工作状态，其额定值与工作时间相关，可以比 CCS 额定值大得多。

最大值、额定值、设计中心值和典型应用值

运用数据一般包括最大值、额定值、设计中心值和典型应用值。

最大值是任何情况下（包含个体差异）都不可以超越的值，否则会造成器件加速老化或永久失效。也就是说，一定要保证电子管在最大值以下工作。最大值考虑了温升导致电子管内残留气体的增加、阴极劣化或电子管芯柱 - 管脚之间泄漏电流以及电极间放电等，在一般应用中不必特殊考虑。

额定值是可靠且充分发挥性能的运行的规定值，一般是长期运行所容许的最大值。

设计中心值是根据工作状态综合考虑的，一般要考虑器件参数的离散性、老化、电压波动、外部环境等因素。

数据表中大多会给出典型应用值，表明表格和图纸上标示的性能在推荐工作条件下是可以预测的，很容易在新设计中再现。

电子管的离散性较大，通常在设计值的基础上，容许额定值有一定的变化率，参见表 1。实际应用时，变动率要尽量小，一般不超过最大容许值的一半。

表 1　电子管额定值的最大容许变动率

灯丝电流	±10%
·收音机用串联灯丝管	±8%
·电视机用串联灯丝管	±4%
屏极电流	±30%
·电压放大管和变频管	±40%
帘栅极电流	±50%
跨导	±25%
变频跨导	±40%
灯丝 - 阴极泄漏电流	50μA 以下
栅极反向电流	
·屏极电流 10mA 以下	2μA 以下
·屏极电流 30mA 以下	3μA 以下
·屏极电流 30mA 以上	5μA 以下
整流输出电流	±15%
输出功率	±30%
绝缘	
·栅极 - 阴极	100V，20MΩ 以上

灯丝电压

灯丝电压建议控制在 ±5% 以内，尽可能精准。灯丝功率在很大程度上决定了电子管的使用寿命。

热电子发射量取决于阴极材料、阴极表面积和温度。电压过高会导致阴极温度升高，表面活性材料加速蒸发，降低使用寿命。电压过低会导致放大系数和跨导等特性偏离额定值。

灯丝并联供电时，因电流较大，故引出线要用粗线配线，或分组供电，以减少导线的电压降。

灯丝串联供电时，灯丝－阴极耐压较大的要装在电源热端，灯丝干扰较大的要装在冷端。核算电压后，不足的部分串联分压电阻补偿。

灯丝－阴极耐压

直热管的灯丝即阴极，旁热管则通过内部灯丝将阴极加热到所需温度，故灯丝要涂敷陶瓷或插入陶瓷套与阴极绝缘。一般认为，旁热管的阴极热容量比直热管大，工作更稳定，音质更好（典型如 WE 350B）。缺点是启动慢，灯丝功率大。

大多数阴极跟随器和 SRPP 电路的阴极电压在 100V 或以上，要考虑灯丝－阴极耐压问题。在这种情况下，就要对灯丝施加正电压，形成灯丝偏压，将灯丝－阴极电压控制在耐压以下 [参见图 21（c）]。

屏极电压

如图 17 所示，最高屏极电压 E_{pmax} 主要取决于截止（电流为 0）时电极间的绝

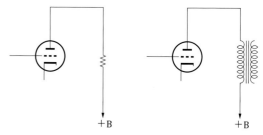

图 17　施加屏极电压的方法

缘性能。在不超过最高屏极电压的范围内，要尽可能采用电压变动小、纹波少的优质电源供电。

半导体整流电路通电即产生电压，在电子管启动工作前，可以略微超过屏极电压。

使用整流管时要注意，最大反向重复峰值电压 V_{RRMmax} 是屏极对阴极电压为负（由于是反向电压，电流不流通）时容许的最大电压。

帘栅极电压

最高帘栅极电压 E_{g2max} 主要取决于截止（电流为 0）时电极间的绝缘性能，通常情况下，帘栅极电压小于等于屏极电压。

如图 18（a）所示，帘栅极电压由屏极电源串联电阻 R_{g2} 获得时要注意，电子管截止时电压会上升至屏极电源电压。电源电压超过帘栅极最大容许电压时，电子管的寿命可能会受影响。

为了避免这种情况的发生，可以用分压电阻从屏极电压取帘栅极电压，也可以用稳压二极管稳压，如图 18（b）和（c）所示。

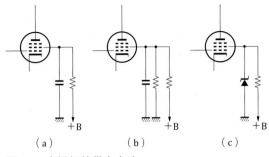

图 18　帘栅极的供电方法

栅极电压

获取栅极电压的方法有固定偏压、自偏压、栅漏偏压三种，如图 19 所示。三种方法各有长短，要根据用途来选择。

要注意的是，栅极回路电阻不能超过数据表中的最大值，否则会导致栅极电流流动、偏压变浅，终致电子管失控。

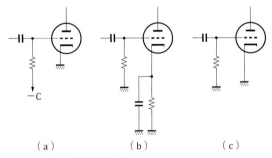

图 19　栅极的供电方法

屏极耗散功率

施加屏极电压 E_p 时，不论电子管是否起放大作用，都有屏极电流 I_p 流动。也就是说，无论是否放大，$E_p \times I_p = P_p$（屏极耗散功率）都会经屏极转化为热量，致使屏极温度升高。

屏极耗散功率 P_p 超过最大值，会引发屏极温度异常升高，电极金属释放吸收的气体，导致电子管内部真空度降低。同时，释放的气体被屏极电流离子化，离子在屏极电压的作用下加速碰撞电极，电子碰撞屏极产生二次电子辐射，二次电子再碰撞电极……这些问题都会导致屏极局部温度升高，甚至损坏电极。因此，必须将 E_p、I_p 控制在最大屏极耗散功率 P_{pmax} 之内。

栅极耗散功率

三极管只有一个栅极，即控制栅极。五极管除此之外，还有帘栅极和抑制栅极。

电子管是电压控制电流的器件，原则上控制栅极不流通电流，不用考虑栅极耗散功率。但是作甲乙 2 类、乙类工作时，随着信号的增大，可能会出现栅极电流。栅极是细线，栅极电流过大会导致栅极温度升高，使栅极变形、接触阴极，产生气体，导致失控。

尤其是五极管，帘栅极不仅电压高，而且电流大，散热也不好，更容易升温。要注意的是，在功率放大五极管中，比起屏极耗散功率，帘栅极耗散功率 P_{g2} 对最大输出功率来说更关键。

噪声与干扰

扬声器中听到的交流声是噪声与干扰的总和，噪声一般指电子管内部产生的不良信号，而电路缺陷、结构缺陷或外界原因所形成的不良信号称为干扰。

振动噪声

电子管振动噪声也称为麦克风效应。

用手指弹一下工作中的电子管的玻壳，扬声器会发出"当"的一声，这是栅极振动致屏极电流受调制所产生的现象。一般来说，筒形管与小型管的机械结构稳定，振动噪声较小。瓶形管因结构限制，振动噪声大一些。小型管一般都是双层云母固定。高跨导管因阴极和栅极间距极小，振动噪声比低跨导管大。

电子管放大器在满足增益的基础上，应尽量使用低跨导管。

热噪声

热噪声是一种白噪声，由导体中电子的热振动引起，它存在于所有电子器件和传输介质中。它是温度变化的结果，且不受频率变化的影响，热噪声在所有频谱中以相同的形态分布，是不能消除的。

热噪声通过测量器件两端便可观测到，没有外部电压也会出现。其有效电压与导体电阻、绝对温度、测量频率带宽的平方根成正比。常温下 $100k\Omega$ 电阻在 $100kHz$ 带宽中产生的噪声是 $13\mu V$。想减小这种噪声，只能降低温度、减小电阻值或减小带宽。

例：某动圈唱头的直流阻抗 10Ω、带宽 $10kHz$、输出 $0.2mV$，计算得知常温下热噪声为 $0.04\mu V$，故信噪比为 $74dB$，原理上信噪比不可能再大。

散粒噪声

散粒噪声也是一种白噪声，由电子管中载流子的随机波动产生。噪声电压每时每刻都在变化，是一种有峰值的信号。无源器件不产生散粒噪声。

散粒噪声电流为平均电流和测量带宽的平方根，散粒噪声电压是内阻和噪声电流的乘积。五极管的散粒噪声比三极管大得多。

例：低噪声管 EF86，$E_p=250V$，负载阻抗 $100k\Omega$ 时，栅极等效输入电压低至 $2\mu V$（$25Hz \sim 10kHz$）。

闪烁噪声

闪烁噪声产生于电子管阴极氧化涂层。噪声功率主要集中在低频段，大小与电流的平方根成正比，功率谱密度与频率成反比，所以又称为 $1/f$ 噪声。高于一定频率时，噪声功率谱非常微弱，但是平坦。因此，有时也称为粉红噪声。

综上，电子管放大电路在满足增益的基础上，要尽量少用电子管，尽量使用低跨导管，尽量降低输入阻抗。

传导干扰

电子设备之间或电子设备内部必有导线相连，如电源线、信号互连线及公用地线等，这些线路引入的干扰信号称为传导干扰。

如市电电网中的设备，在启动、工作、切换时都会向电网传输频谱相当宽的电磁干扰。这些干扰信号，会经电源线引入到其他设备。

电子设备内部几个单元电路共用电源时，干路负载既在电源内阻上产生压降，也在地线阻抗上产生压降，会相互影响。

辐射干扰

辐射干扰是指通过空间传播形成的干扰。

当干扰信号辐射源与设备或单元电路的距离 $r=\lambda/2\pi$ 时（λ 为干扰信号波长），设备或单元电路受到的感应场强度与辐射场强度相当；距离比较近（$r<\lambda/2\pi$）时，感应场强度大于辐射场强度，该区域被称为近场区或感应场区；距离比较远（$r<3\lambda$）时，辐射场强度大于感应场强度，该区域被称为远场区或辐射场区。

抑制噪声和防止干扰

音频或工频信号的波长很长，这里仅讨论近场区干扰问题。在近场区，电场和磁场的强度都与距离的平方成反比。

• 合理布局

合理布局包括系统设备内各单元之间的相对位置和电缆走线等，基本原则是使被干扰对象和干扰源尽可能远离，输出与输入端口妥善分隔，高电平电缆及脉冲引线与低电平电缆分别铺设。

• 屏蔽

屏蔽，即用合适的材料将设备或单元电路包封起来。这样能有效地阻断近场感应和远场辐射，既可防止干扰电磁场通过空间向外传播，也可避免设备或单元电路受外界电磁场的影响。

• 滤波

滤波是将信号中特定波段频率成分滤除的操作。它既可以抑制干扰源的发射，又可以抑制干扰源频谱分量对敏感设备、电路或元件的影响。

• 接地

电子线路中，只要为电源和信号电流提供了回路和基准电位，就通称为接地，与大地有无实际连接无关。接地是抑制噪声和防止干扰的重要措施之一。设计中如能周密设计地线系统，综合使用接地、滤波和屏蔽等措施，往往可事半功倍，有效地提高设备的电磁兼容性。事实证明，一个设备和分系统在联机时出现故障，多半是接地系统不完善引起的。

实例分析：喇叭交流声

电子管音频放大器的噪声与干扰，主要是交流声干扰，一般体现为扬声器中的嗡鸣声。交流声干扰主要是市电引入的，另有一些是电路设计或整机工艺的原因。

• 灯丝引入交流声干扰的原理与对策

灯丝交流点灯时，产生的交变磁场作用于阴极，会导致 I_p 的变化，即引入了交流声。为了减少交变磁场作用于阴极，最初采用折弯灯丝（常见于功率放大管）或线圈灯丝（常见于电压放大管，典型如 12AU7、6AU6），后来采用双螺旋灯丝（常见于低噪声管，如 EF86），如图 20 所示。一般来说，线圈灯丝型电子管的交流声栅极等效输入电压为 15 ~ 40μV，双螺旋灯丝型电子管的交流声栅极等效输入电压在 5μV 以下。

不过，高品质放大器依然采用直流点灯。

灯丝的对称性偏差与交流电压相对于阴极电位不平衡，也会引入交流声。解决方法是灯丝绕组的中点接地或使用灯丝平

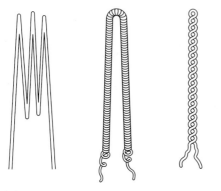

（a）折弯灯丝　　（b）线圈灯丝　　（c）双螺旋灯丝

图 20　灯丝结构的演变

衡电位器，如图 21 所示。

旁热管式电子管的灯丝与阴极之间可视为二极管结构，某些情况下会产生电流，引入交流声。同时，高温使灯丝与阴极之间氧化铝绝缘层的绝缘性能降低，产生微小电流，也会引入交流声。解决方法是对灯丝施加正偏压，使灯丝－阴极反向偏置，抑制交流声，如图 21 所示。

- 电源纹波引入交流声干扰的原理与对策

若电源电路滤波电路能力不足，屏极高压电源电压 E_p 纹波大，则 I_p 随纹波电压变化，即产生交流声。例如，将 500Ω 滤波电阻更改为 5H（直流电阻 50Ω）扼流圈，则将交流阻抗提高到 3190Ω（电源频率 50Hz）。这样不仅能够大幅改善纹波，还能够提高电压调整率。

- 电路或接地不良引入交流声干扰的原理与对策

合理设计接地电路与电源电路，避免单元电路之间相互干扰（传导方式），并使用金属机箱将电路整体屏蔽。

栅极电路的阻抗较高，同样强度的电场或磁场所产生感应电动势亦高，因此，输入端子到栅极的配线必须使用屏蔽线单端接地，尽量缩短，远离电源线，避免形成互感和互容。

电源变压器初级与次级之间需有静电屏蔽层并接地，杜绝电源线引入的干扰。

- 变压器漏磁引入交流声干扰的原理与对策

变压器的漏磁会形成变压器之间的相互感应，即电源变压器产生的交变磁场直接感应到输出变压器，形成交流声。左右声道输出变压器之间也会相互感应，降低左右声道隔离度。

因在近场区，电场或磁场的强度都与距离的平方成反比，故需加大变压器之间的距离，还需要用高磁导率材料制作屏蔽罩，为干扰磁场提供低磁阻的磁通路，如图 22 所示。

用铝板遮挡电场感应处，用铁板遮挡磁场感应处，可以判断辐射干扰位置。

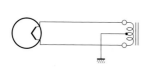

（a）灯丝绕组的中点接地

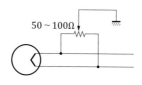

（b）使用灯丝平衡电位器

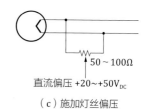

直流偏压 +20～+50V$_{DC}$

（c）施加灯丝偏压

图 21　减小灯丝交流声的方法

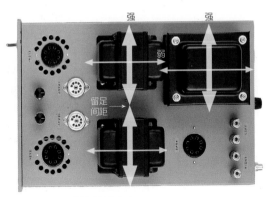

图 22　变压器的漏磁方向

图 24　吉他放大器内部

短电子管的寿命，可能每场演出都需要更换电子管，也许只有职业音乐家能接受。

电子管的安装和散热

安装方向

旁热管对安装方向没有特殊要求，通常底部朝下垂直安装，在使用薄箱体的前置放大器中偶尔会水平安装。

直热管原则上垂直安装，受结构限制不得不水平安装时，为了避免电极受热变形，要按灯丝上下竖直的方向安装，如图 23 所示。

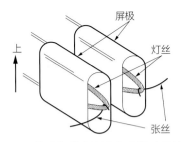

图 23　按照灯丝上下方向安装（5U4）

有一个特例，电子管是倒立安装的。吉他放大器的放大器装在剧烈振动的音箱内（图 24），是为了将电子管的失真和颤噪用作音色的一部分。这种用法会急剧缩

使用优质管座

普通应用可以使用电木管座或陶瓷管座（图 25、图 26），发热严重的功率放大管最好使用陶瓷管座。

管座的契合度尤为重要，安装前务必先试插，太紧或太松都不行。

饼形管座（图 27）的绝缘性和长期工作稳定性堪忧，不建议使用。

图 25　小 9 脚管座：左为陶瓷，右为电木

图 26　UZ-6 脚管座：左为陶瓷，右为电木

图 27　饼形管座

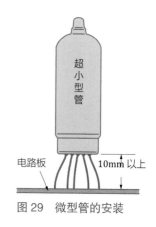

图 29　微型管的安装

避免使用空脚

电子管手册的接线图（图 28）中标记 NC（No Connection）的管脚就是空脚，未接管内任何电极。但即便是空脚，施加直流电压或信号电压也有可能导致电子管特性生变，尽量不要将其用作配线中继端子。

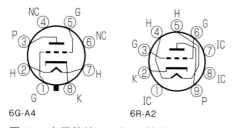

图 28　电子管的 NC 和 IC 管脚

标记为 IC（Internal Connection）的管脚是辅助管脚，连接管内某个电极，绝不可以用它们接线。

超小型管的安装

超小型管的体积较小，引线直接从管内引出。为了保护玻璃管壁和引线的结合部，要避免引线从根部弯曲，如图 29 所示。为了防止焊接热量直接传导到各个电极，引线要留出 10mm 以上的余量。

屏蔽罩

屏蔽罩在高频电路中十分重要，其作用是隔离空间区域，抑制电场、磁场、电磁波的相互感应和辐射，如图 30 所示。使用带屏蔽电极的音频专用管（如 6267 等）时，在低频电路中并不一定需要屏蔽罩。

屏蔽罩内的弹簧或管箍起抑制电子管振动的作用。

图 30　带屏蔽罩的电子管座

散热

中小功率电子管无特别说明时，通常采用自然风冷。对功率放大管和整流管而言，冷却效果直接影响使用寿命。强制风冷、水冷是大功率及超大功率电子管的冷却方法，通常不适用于音频功率放大器。

电子管的工作原理决定了高温是普遍

现象，为了确保使用寿命，一般有最高温度限制。为此，散热问题不容忽视，使用7189A和7591这种大功率小型管时更要加大间隔，防止集中发热。

无论电子管安装在箱体内部还是箱体上方，都以空气对流散热为主。为此，除了在电子管周围开散热孔，中功率电子管最好采用下沉式安装结构，如图31所示。

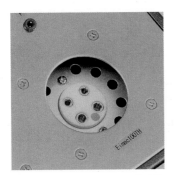

图31　电子管下沉式安装结构

另外，为了加强空气对流，底板也应开散热孔，如图32所示。

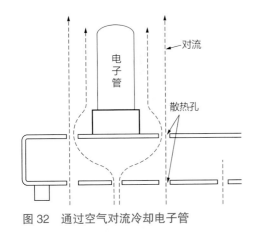

图32　通过空气对流冷却电子管

屏极颜色

屏极随着温度的升高，呈无色→淡红色→樱桃红色→红色（CCS）→橙色（ICAS）→黄白色（超功率）的规律变化。功率放大管会因屏极过热而受损，使用中要注意观察。

阴极（灯丝）预热

中大功率电子管，一般在阴极达到正常工作温度后，才可以施加屏极高压电源，这个过程称为预热。大功率电子管一般规定有预热时间，中功率电子管按实践经验处置即可。

吸气剂

中小功率电子管内能看到银色或黑色的吸气剂，若呈现乳白色，则说明该电子管已漏气。大型发射管利用的是锆在高温下能够吸收气体的特性，看不到银色或黑色的吸气剂属正常，并非电子管故障。

电子管放大电路常见参数

E_{bb}：屏极供电电压，即供给屏极负载的电源电压。注意，它不等于屏极电压E_p。

E_p（E_b）：屏极直流电压，即屏极－阴极电压。

E_{g1}（E_{c1}，E_g）：第一栅极电压（直流），即控制栅极电压，固定偏压时加负电压，使用阴极电阻R_k实现自偏压（阴极偏压）时通过栅漏电阻R_g接地。

E_{g2}（E_{c2}，E_{sg}）：第二栅极电压（直流），即帘栅极电压、帘栅极－阴极电压。

E_{g3}（E_{c3}）：第三栅极电压（直流），即抑制栅极电压、抑制栅极－阴极电压，大多数情况下与阴极电位 E_k 相等。

E_{sig}（E_{in}）：输入信号电压（交流），一般为正弦波，用有效值（V_{rms}）表示。

E_o（E_{out}）：输出信号电压（交流），一般为正弦波，用有效值（V_{rms}）表示。

E_k：阴极直流电压，即阴极电压，固定偏压时为 0V。

E_{pp}（E_p）：屏极交流电压，表示屏极上的交流信号电压，一般用峰-峰值（V_{P-P}）表示。注意，与 E_{bb}（E_p）不同。

E_f（E_h）：灯丝电压。

I_p（I_b）：屏极直流电流。

I_{g1}（I_{c1}，I_g）：第一栅极电流（直流），常简称为栅极电流 I_g。

I_{g2}（I_{c2}，I_{sg}）：第二栅极电流（直流）。

I_k：阴极电流。

I_f（I_h）：灯丝电流

I_o：整流输出电流。

R_p（R_L）：屏极负载电阻或与屏极串联的电阻。

R_{g1}（R_g）：第一栅极电阻，栅漏电阻，也简称为栅极电阻。

R_{g1}'（R_g'）：放大电路推动级的第一栅极电阻。

R_{g2}（R_{sg}，R_{c2}）：与第二栅极串联的电阻。

R_k：自偏压电路的阴极电阻。

R_{pp}：推挽电路两个屏极之间的负载电阻。

R_L：电路负载电阻。

Z_p：屏极电路阻抗（含电容分量和电感分量）。

r_p：屏极内阻（Ω）。

g_m：跨导（S，mA/V）。

μ：放大系数。

E_{h-k}：灯丝-阴极耐压（V）。

C_{in}：输入耦合电容。

C_{out}：输出耦合电容。

目　录

电压放大

整 流

功率放大

三极管
五极管
四极管
束射四极管
复合管

100TH（4T17）
112A/12A
12E1
1619
1624（VT-165）
1626（VT-137）
211（VT-4C）
212/4212（NT92, CV1252）
250
25E5（PL36）/6CM5
275A
2A3/6B4G/6A3
2B46（6146）
2E26/2E24
2B94（5894）
300B
350A
350B
3C33
4-125A（4D21, 4F21）
41/6K6
42/6F6
421A（5998）
45/245
46
47
4D32
50
572B
5763
5998/5998A
5A6（CV4097）
6550A/6550
6AQ5/6005/6CM6/6BW6
6AR5
6AR6/6098/6384/6889
6AS7G/6080
6BG6G（6N7C）
6BM8（ECL82）
6BQ5（EL84）/7189/7189A
6BX7
6C33C-B
6CL6
6CW5
6EM7/6EA7
6F6/42
6G-A4
6G-B3A（12G-B3A）
6G-B8
6GW8（ECL86）
6L6/6L6G
6L6GC/6L6WGB（5881）/7027

6R-A6
6R-A8
6V6/5992/7C5/6005W/6094/
　6AQ5/6BW6/6П1П
6Y6/25C6/50C6
6Z-P1
71A/171A
7591/7868/6GM5
800（VT-64）
8005
801A（VT-62）
803
804（RK20A）
805
807
808
809
810
811A
813
814（VT-154）
815（VT-287）
826
829B（2B29）
830B
832A（2B32）
838
841（VT-51）
843
845
AD1
AD100/AD101
DA100（NT36, CV1219）
DA30
DA60（CV1206）
Ed
EL12/EL12N/EL6
EL156
EL3/EL33（6P25）
EL34（6CA7）
F2a/F2a11
KT66
KT88
KT120
KT150
PX25（VR40）
PX4
R120
VT-25（10Y）
VT-52/45（6Z-P1）

振荡、放大用高放大系数直热式三极管
100TH (4T17)

功率放大

EIMAC 100TH

100TH 的主要参数

$E_f/V \times I_f/A$		5×6.3
额定值	工作条件	CCS
	E_p/V	3500
	E_g/V	−500
	I_p/mA	200
	I_g/mA	50
	P_p/W	100
	P_g/W	20
典型应用	工作状态	乙2类 调幅
	E_p/V	2500
	E_g/V	−50
	I_p/mA	60～200
	I_g/mA	20
	$R_L/k\Omega$	25.2
	P_o/W	300
	μ	38

CCS- 连续工作；ICAS- 间歇工作。

管座：UX4– 大 4 脚

屏极为钽制，高电压使用时会发出橙光。

$E_p=800V$，$I_p=70mA$，$R_L=10k\Omega$ 时，输出功率可达 25W 左右，对应的栅极偏压为 +10 ～ 15V。在这种状态下，电子管是通过栅电流来工作的，一般通过直接耦合电路提供所需要的推动功率。阻容耦合或普通变压器耦合不行。

灯丝规格为 $5V \times 6.3A$，直流点灯麻烦一些，可以取巧使用开关电源，但对高频噪声敏感。交流点灯的残留噪声较大，但可以利用大容量电解电容滤波加以改善。

100TH 的屏极位于管顶，栅极从管侧伸出。在发射机中，这种结构可缩短振荡线圈和高频扼流圈的距离，方便连接。用于音频放大器时，必须采取防止触电措施。

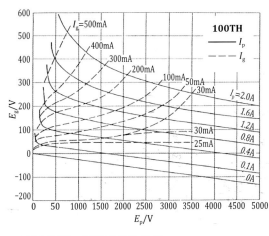

100TH 的栅 – 屏转移特性曲线

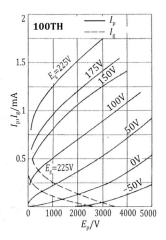

100TH 的屏极特性曲线

直热式三极管
112A/12A

RCA 112A

RCA Cunningham 112A

管座：UX4-大4脚

112A/12A 的主要参数

$E_f/V \times I_f/A$	5.0×0.25
最大值	
E_p/V	180
I_p/mA	7.7
特性（E_p=135V，E_g=-9V）	
μ	8.5
$r_p/k\Omega$	5.3
g_m/mS	1.6
典型应用（甲类单端）	
E_p/V	180
I_p/mA	7.6
E_g/V	-13.5
$R_L/k\Omega$	10.8
P_o/W	0.26

　　灯丝规格为 5.0V×0.5A 的茄形直热式三极管 112，后来改为 5.0V×0.25A，型号变成 112A。由其衍生的小型瓶形管是12A。

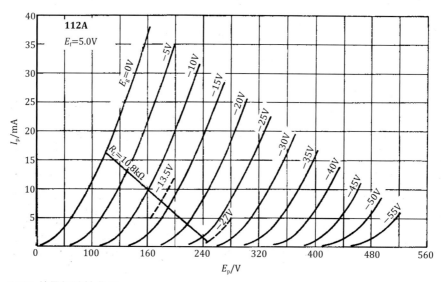

112A 的屏极特性曲线

功率放大

旁热式束射四极管
12E1

STC 12E1

管座：US8– 大 8 脚

这款电子管主要用于船舶通信设备，可视为欧洲版 WE 350A。与美国管不同，它是顶屏极瓶形管，使用更方便。

最高屏极电压为 800V，屏极耗散功率为 35W，比 WE 350A 略高。

值得注意的是，其帘栅极电压最高为 300V，且需要串联一个 100Ω 左右的保护电阻。

12E1 的主要参数

$E_h/V \times I_h/A$		6.3×1.6
最大值	工作条件	CCS
	E_p/V	800
	E_{g2}/V	300
	I_p/mA	300
	P_p/W	35
	P_{g2}/V	5
	E_{h-k}/V	300
典型应用	工作状态	甲乙 1 类
	E_p/V	450
	E_{g2}/V	200
	E_g/V	−27
	I_p/mA	138
	I_{g2}/mA	2
	$R_L/k\Omega$	10
	P_o/W	40

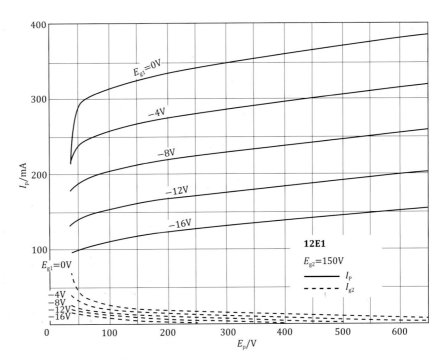

12E1 的屏极特性曲线

直热式束射四极管
1619

1619

管座：US8– 大 8 脚

1619 的主要参数

	$E_f/V \times I_f/A$	2.5×2（氧化灯丝）
最大值	工作条件	CCS
	E_p/V	400
	E_{g2}/V	300
	P_p/W	15
典型应用	工作状态	甲 1 类
	E_p/V	300
	E_{g2}/V	250
	E_{g1}/V	−10
	I_p/mA	44 ~ 46
	I_{g2}/mA	~ 6
	$R_L/k\Omega$	10
	P_o/W	3
	g_m/mS	4.5

1619 是金属管中较大的电子管，一般视为直热式 6L6，原设计为发射管。相对于其性能，售价不高。壳体接 1 脚作屏蔽，须接地。

最大输出功率（失真率 2.5%），单端电路约为 5W，推挽电路约为 36W。灯丝电压为 2.5V，如果使用灯丝平衡电路，即便是单端电路交流点灯，残留噪声也能控制在 1mV 以下。

与三极管相比，四极管内阻较大，其阻尼系数低于 1，要施加负反馈以增大阻尼系数，E_{g2} 要适当采用稳压措施。

最大屏极电压为 400V，帘栅极电压为 300V。采用三极管接法时，帘栅极须串联 100Ω 左右的保护电阻。

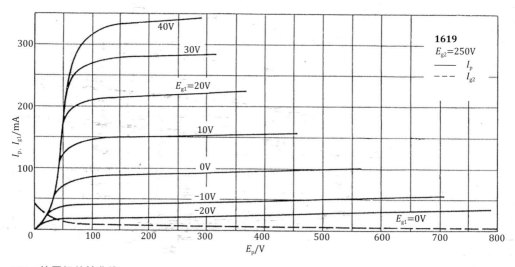

1619 的屏极特性曲线

振荡、放大用风冷直热式束射四极管
1624 (VT-165)

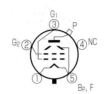

管座：UY5– 大 5 脚

1624/VT–165

1624 的主要参数

$E_f/V \times I_f/A$		2.5×2.0（氧化灯丝）
最大值	工作条件	CCS
	E_p/V	600
	E_{g2}/V	300
	I_p/mA	90
	P_p/W	25
典型应用	工作状态	甲乙 2 类 线性放大
	E_p/V	600
	E_{g2}/V	300
	E_{g1}/V	−25
	I_p/mA	42 ~ 180
	I_{g2}/mA	5 ~ 15
	$R_L/k\Omega$	7.5
	P_o/W	72

最大屏极耗散功率时（CCS），屏极不变色。

　　一般视为 807 的直热版本。1624 用于音频放大时，应尽可能工作于甲乙类或甲类，而不是乙类。

　　E_p=600V、I_p=42mA、R_L=7.5kΩ，甲乙 2 类的最大输出功率可达 72W，I_p 最大为 180mA。

　　外形与 807 相同，参照 807 应用。

振荡、放大用旁热式三极管
1626 (VT-137)

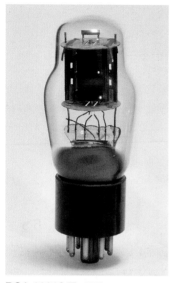

管座：US8−
大 8 脚

RCA 1626/VT−137

1626 的主要参数

$E_h/V \times I_h/A$		12.6×0.25
	工作条件	CCS
最大值	E_p/V	250
	E_g/V	−150
	I_p/mA	25
	I_g/mA	8
	P_p/W	5
	$E_{h\text{-}k}/V$	± 100
典型应用	工作状态	射频 丙类
	E_p/V	250
	E_g/V	−70
	I_p/mA	25
	I_g/mA	5
	P_o/W	4
	μ	5

最大屏极耗散功率时（CCS），屏极不变色。

　　1626 是一种小型三极管，封装为 ST-12（RCA 标准），是发射管中较小的。灯丝规格为 12.6V × 0.25A，屏极耗散功率为 5W。

　　1626 虽小，但具备发射管的特点，栅极最大电流达 8mA，放大系数偏小，偏压深。E_g 不超过 0V 的甲 1 类单端，无法发挥 1626 的真正价值。最好使用甲 2 类单端推动，使栅极工作于正电压。E_p=220V、I_p=22mA、E_g=-30V、R_L=7kΩ 时，甲 2 类单端的最大输出功率约为 1.5W。

　　甲类推挽或甲乙类推挽也一样，将栅极推动到正电压是上策。无论哪种情形，都可以使用变压器或阴极跟随器推动。

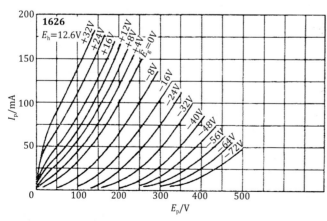

1626 的屏极特性曲线

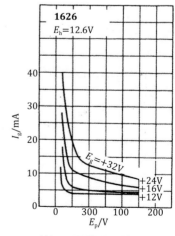

1626 的栅 − 屏转移特性曲线

振荡、功率放大用直热式三极管
211 (VT-4C)

管座：UV-4 脚

GE VT-4C

211（VT-4C）曾是很流行的音频电子管，外形较大，闪耀的灯丝能让人感受到巨大的魅力，单端和推挽的制作实例都不少。其屏极电压比较高，一定要注意安全。

211 具备一般发射管的特点，可以甲2类工作，最大栅极电流为 50mA，与小型功率放大管的屏极电流相当。甲 1 类时，推动电压为 60V（峰值），作单端放大可以获得约 12W 的输出功率。另外，从屏极特性曲线图来看，栅压正区较宽，这也是应该利用的工作区。

$E_p = 1kV$、$I_p = 60mA$、$E_g = -60V$、$R_L = 10k\Omega$ 时，甲 2 类工作，可获得约 25W 的输出功率。屏极特性曲线图中各 E_g 曲线都很漂亮，显示失真率特性也良好。屏极耗散功率，各厂家的数据有所不同，为 75 ～ 100W，建议按照 75W 设计。

灯丝电压高（10V），交流点灯无法消除噪声，尤其是单端工作时，要采用直流点灯。

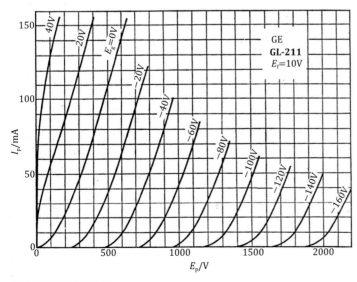

211 的屏极特性曲线

211 的主要参数

$E_f/V \times I_f/A$		10×3.25（钍钨灯丝）
	工作条件	CCS
最大值	E_p/V	1250
	E_g/V	−400
	I_p/mA	175
	I_g/mA	50
	P_p/W	75(100)
典型应用	工作状态	甲 1 类
	E_p/V	1000
	E_g/V	−52
	$R_L/k\Omega$	7
	P_o/W	10
	g_m/mS	3.8
	μ	12

括号中的值，意味着屏极呈暗红色。

直热式三极管
212/4212 (NT92，CV1252)

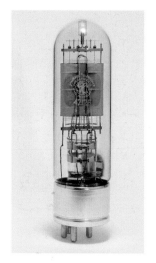

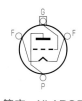

管座：XLARGE
–4 脚卡口

STC 4212E

多用途大功率三极管

212 作音频功率放大时，深受发烧友的喜爱。实际上，212 是一款为了满足第一次世界大战后快速增长的无线通信需求而诞生的多用途电子管，主要在中短波发射机中作功率放大用，也可作振荡用。

WE 212A 于 1921 年发售，可视为211 大功率版。1924 年，屏极耗散功率增加到 250W，即 WE 212D。

1936 年，屏极耗散功率又增加到275W，屏极最高电压增加到 3000V，最大屏极电流达 350mA，即 WE 212E。此时，灯丝功率也达到了惊人的 84W（14V/6A），氧化灯丝也改进为钍钨灯丝，粗带状灯丝像白炽灯一样闪闪发光。放大系数 $\mu=16$，约为 845（5.3）的 3 倍，故比 845 更容易推动。排气口从玻壳顶部（WE 212D），改到了玻壳底部（WE 212E）。

国际通信公司 ITT（International Telephone and Telegraph Co.）继承了美国 AT&T（The American Telephone & Telegraph Co.）美国以外的业务。为此，西电授权 ITT 的子公司 STC 生产电子管。英制 STC 4212E 与美制 WE 212E 的规格相同。为了区别，STC 电子管的编号在西电电子管编号前加上了"4"，如 4300B 对应 WE 300B，4242A 对应 WE 242A，

212D 与 4212E 的主要参数

	212D	4212E
$E_f/V \times I_f/A$	14×6（氧化灯丝）	14×6（钍钨灯丝）
E_{pmax}/V	2000	3000
I_{pmax}/mA	—	350
I_{gmax}/mA	—	75
P_{pmax}/W	250	275
E_{p0}/V	1500	—
I_{p0}/mA	167	—
$r_p/k\Omega$	2	1.9（平均值）
g_m/mS	8	8.5（平均值）
μ	16	16（平均值）

212D 与 4212E 的典型应用

工作条件	212D	4212E	
	甲类单端	甲类单端	
E_{p0}/V	1500	1500	1250
E_g/V	−55	−57	−40
R_k/Ω	329	335	200
I_p/mA	167	170	200
$r_p/k\Omega$	2	1.9	1.9
μ	16	16	16
g_m/mS	8	8.5	8.5
$R_L/k\Omega$	5	5	3
P_p/W	250（最大值）	250	250
P_o/W	50	50	40

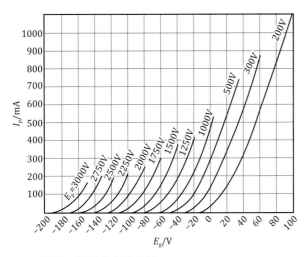

4212 的栅 – 屏转移特性曲线

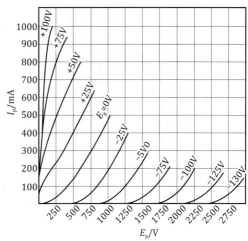

4212 的屏极特性曲线

4212E 对应 WE 212E。

4212E 的生产大致可分为三期。初期在一战后不久，屏极为镍制，并敷有吸气用锆涂层。管壁印有白底 STC 经典圆形 Logo，管径约 90mm，高约 365mm。内部比 WE 212E 多了固定屏极的支架。同时期生产的还有军用型号 NT92（CV1252），但是其屏极没有锆涂层，改用蒸散型消气剂。

中期与初期大致相同，屏极有锆涂层的，也有蒸散型消气剂的。只是，管壁上的 Logo 变成了蓝色横字。后期则改用了性能更好的石墨屏极。

此后生产的 ITT 品牌的 4212E，采用石墨屏极，高度是约是 212D 的 2/3，排气口与 212D 类似，在玻壳顶部。

值得一试的大型管

与 212 配用的变压器须定制，故零件获取难度大。好在有几个应用实例，尝试一下应该会很有趣。甲 1 类单端电路，在屏极电压为 1500V 时，可以获得约 50W 的输出功率。由于栅电压可达到 +50V 左右，故甲 2 类还能大幅提高输出功率。要注意的是，212 灯丝电压较高，单端电路必须采用直流点灯，交流点灯无法消除交流声。乙类推挽，E_p=1500V、E_g=−75V、I_p=50 ~ 300mA、R_L=5.9kΩ 时，可以获得约 500W 的最大输出功率。

直热式三极管
250

RCA 250

管座：UX4– 大 4 脚

RCA 250 是当时功率最大的音频功率放大管之一，至今仍受欢迎。其前身是 1922 年开发的发射管 RCA 210。210 一般用于丙类谐振功率放大器（屏极耗散功率

15W，$\mu \approx 8$），内阻偏高。为了适应音频放大，RCA 公司于 1927 年推出了低内阻的瓶形管 250（UX-250）。发射管 210 与音频管 250 的关系，就像 211 与 845 的关系。250 最大屏极电压 450V，灯丝电压 7.5V，与 210 相当。瓶形管 250 上部没有支撑，常会出现电极倾斜的情况。因此在 1933 年，瓶形管 250 改进为小型管 50。50 的外形与 300B 相同，均为 ST-19 型。之后，SYLVANIA 发售了 ST-16 外形的 50，即小型化的 50。设计上，其栅极电场不太均匀，即使采用自偏压，栅极电阻也要限制在 10kΩ 以下。鉴于此，低输出阻抗推动级必不可少，普通阻容耦合会出现推力不足的问题。通常，250/50 的推动方法，基本是变压器耦合或直接耦合，后者的典型实例是经典的全直接耦合罗夫亭 – 怀特放大器。

250 的主要参数

$E_f/V \times I_f/A$	7.5 × 1.25
E_{pmax}/V	450
P_{pmax}/W	25
$r_p/k\Omega$	1.8
g_m/mS	2.1
μ	3.8
工作条件	E_p = 400V，I_p = 55mA

250 的典型应用（甲 1 类单端）

E_{po}/V	450（最大值）	400	350
E_g/V	−84	−70	−63
R_k/Ω	1530	1270	1400
I_p/mA	55	55	45
$r_p/k\Omega$	1.8	1.8	1.9
μ	3.8	3.8	3.8
g_m/mS	2.1	2.1	2.0
R_L/Ω	4350	3670	4100
P_o/W	4.6	3.4	2.4

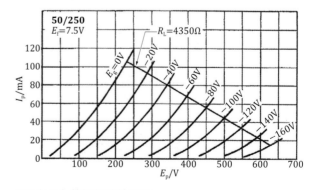

250（50）的屏极特性曲线

功率放大

水平偏转输出用旁热式束射四极管
25E5 (PL36) /6CM5

松下 25E5

管座：US8– 大 8 脚

黑白电视机时代具有代表性的水平偏转输出管。由于其屏极耗散功率偏小，用于音频放大时，通常采用甲乙类推挽设计。$E_p = 300V$、$E_{g2} = 150V$、$R_L = 3.5k\Omega$ 时，输出功率 $44.5W$。I_p 在 32 ～ 200mA 内波动很大，电源电路要下功夫。从以往的推挽放大器应用实例看，使用更大的 40KG6 效果会更好。

现在几乎找不到 25E5 的 6.3V 管型

25E5 及类似管的主要参数

	25E5	6CM5	6G-B3A	6G-B7
管座	US-8	US-8	US-8	US-8
E_h/V	25	6.3	6.3	6.3
I_h/A	0.3	1.25	1.2	1.2
E_{pmax}/V	250	250	500	700
P_p/W	10	10	9	15
E_{g2max}/V	250	250	200	250
P_{g2}/W	5	5	5	5
μ	5.6	6	6	6
g_m/mS	14	14	14	14

25E5 的典型应用（乙类推挽）

E_p/V	300
E_{g2}/V	150
E_{g1}/V	−29
R_L/kΩ	3.5（屏极 – 屏极）
E_{sig}/V$_{rms}$	20
I_p/mA	18×2（无信号）
	100×2（最大值）
I_{g2}/mA	0.5×2（无信号）
	19×2（最大值）
P_o/W	44.5
K（总谐波失真率）/%	7.2

6CM5，可以考虑提高了屏极耗散功率的 6G-B3A 和 6G-B7。

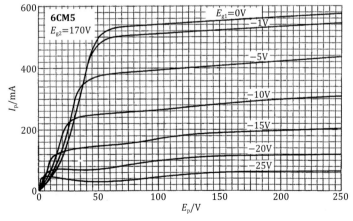

6CM5 的屏极特性曲线

13

直热式三极管
275A

WE 275A

管座：UX4– 大 4 脚

2A3 与 275A 的主要参数

	2A3	275A
$E_f/V \times I_f/A$	2.5×1.5	5×1.2
E_{pmax}/V	300	300
P_{pmax}/W	15	17
工作条件	$E_p=250V$, $I_p=60mA$, $E_g=-45V$	$E_p=250V$, $I_p=53mA$, $E_g=-60V$
$r_p/k\Omega$	0.8	1
$g_m/\mu S$	5250	2780
μ	4.2	2.8
$R_L/k\Omega$	2.5	2
P_o/W	3.5	3.1

WE 275 是早于 WE 300A 面市的音频功率放大管,颇受发烧友们的追捧,别名"西电 2A3"。

2A3 和 275A 的 E_{pmax}、P_{pmax} 基本相同。灯丝电压方面，2A3 为 2.5V，而 275A 为 5V。另外，275A 的偏压很深，跨导 为 2A3 的 一半，内阻几乎与 2A3 相同，放大系 数 为 2A3 的 2/3。2A3 的 输出功率稍大。

275A 的典型应用（甲 1 类单端）

E_{p0}/V	300（最大值）	200
E_{g0}/V	-85	-50
I_p/mA	41	34
r_p/Ω	1300	1230
μ	2.6	2.7
$g_m/\mu S$	2030	2250
R_L/Ω	2600	1230
P_o/W	4.7	2

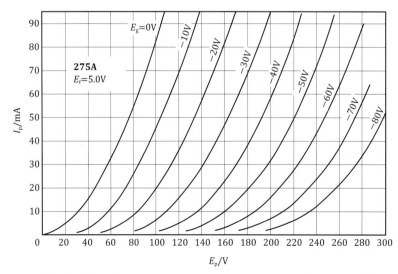

275A 的屏极特性曲线

直热式三极管
2A3/6B4G/6A3

RCA 2A3（H 形屏极）

2A3/6A3
管座：UX4- 大 4 脚

6B4G
管座：US8- 大 8 脚

功率放大管的杰作

　　2A3 是音频放大用直热式功率三极管，封装代号为 ST-16，由 RCA 公司制造，于 1933 年发售。它与同时期的直热式功率三极管相比，输出功率约为 300A 的 1/2，比 45 大，比 50 易用，其音质广受好评。故 2A3 非常适合家用电唱机、收音机，作音频功率放大用。

　　2A3 的灯丝规格为 2.5V × 2.5A，有吊杆式和螺旋弹簧式两种。1935 年发售的

　　6A3 仅将灯丝规格更改为 6.3V × 1A，封装和电气特性与 2A3 相同。6B4G 的管脚为 US-8 脚，电气特性与 6A3 相同。

　　依据屏极形状，2A3 分为双屏极与 H 形单屏极两种，早期的 2A3 是 H 形单屏极结构，到 20 世纪 30 年代中期变成了 2 个相同的三极管在管内并联的结构。如今，复产的 2A3 却是与 300A/B 类似的十字形屏极。同样，依据生产时间，6A3/6B4G 的屏极也分为上述两种。

值得珍爱的电子管

　　2A3 外观呈瓶形，大多生产于二战前，历史悠久。因其灯丝电压较低，交流点灯时，仅利用灯丝平衡电路，即可消除产生的电流声。6A3/6B4G 因灯丝电压较高，推荐采用直流点灯。

　　从 E_p-I_p 曲线可以看出，其内阻较低，即在无负反馈的情况下也能制作出低失真率、高阻尼系数的放大器。最佳负载阻抗，单端 2.5 ～ 3.5kΩ，推挽 3.5 ～ 5kΩ，比较宽。

　　若要长期稳定工作，建议采用自偏压电路，屏极最高电压 250 ～ 300V 为宜。输出功率，单端 3.5W 左右，推挽 10W 左右。若改用固定偏压，输出功率可达 15W 左右，要注意散热。

　　单端应用时，由于屏极电流大至 60mA，故需注意输出变压器磁隙。磁隙过小，音量稍大铁芯即磁饱和，此时失真剧增，输出功率也达不到设计要求；磁隙过大，初级电感量低，低频截止频率高。

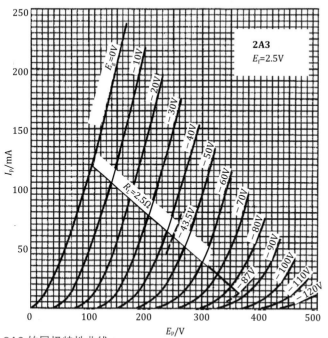

2A3 的屏极特性曲线

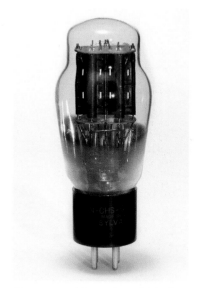

SYLVANIA 制 6A3（H 形屏极）

栅漏电阻，实际应用多为 50kΩ 左右，故电压放大级要有较低的输出阻抗。一般用功率稍大的电压放大管构成串接式放大器（SRPP）或采用输入变压器，阴极跟随器直接耦合亦可。

2A3/6A3/6B4G 的参数比较

	2A3	6A3	6B4G
管座	4 脚	4 脚	大 8 脚
$E_f/V \times I_f/A$	2.5×1.5	6.3×1	6.3×1
E_{pmax}/V	300	300	300
P_{pmax}/W	15	15	15
$r_p/kΩ$	0.8	—	—
$g_m/μS$	5250	—	—
$μ$	4.2	—	—
工作条件	$E_p=250V$, $I_p=60mA$		

2A3 的主要参数

设计中心值			
E_p/V	300		
P_p/W	15		
$R_g/kΩ$	固定偏压	50	
	自偏压	150	
典型应用	甲 1 类单端	甲乙 1 类推挽	
		固定偏压	自偏压
E_p/V	250	300	300
E_g/V	−45	−62	—
$R_g/Ω$	—	—	780
E_{sig}/V	—	124	156
I_p/mA	60	80（无信号时）	80（无信号时）
		147（最大信号时）	100（最大信号时）
$r_p/kΩ$	0.8	3（两屏极间）	5（两屏极间）
$g_m/μS$	5250	—	—
$μ$	4.2	—	—
$R_L/kΩ$	2.5	—	—
P_o/W	3.5	15	10
K(总谐波失真率)/%	5	2.5	5

* 栅极偏压在交流点灯的情况下是灯丝中点电压。
**2A3 单端电路，阴极自偏压电阻为 750Ω。

2B46 (6146)

功率放大

振荡、放大用风冷旁热式束射四极管

东芝 2B46/6146

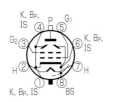

管座：US8– 大 8 脚

这款电子管的最高工作频率为 60MHz，是一款十分可靠的发射管，业余无线电爱好者多将其用于 50MHz 频段的发射机上。最大屏极电压为 600V(CCS)，E_{g2} 最大值为 250V。三极管接法或超线性接法的 E_p 限制在 250V。因 I_{g1} 为 3.5 mA，故需要大输出功率时，可驱动到栅压正区。

甲类单端应用，E_p=250V、E_{g2}=150V、I_p=75mA、R_L=3.5kΩ 时，可以获得约 8W

的输出功率。提高阻尼系数需引入负反馈，大环路负反馈 6dB 左右就可以得到足够好的音质，输出变压器增加反馈绕组也是不错的方法。

从额定值来看，这款电子管最适合甲乙类工作。典型应用给出了 E_p=400V 时的数据，将 E_p 提高到 600V 可以获得最大输出功率 90W。E_{g2} 需稳压，以应对急剧变化的 I_{g2}。

2B46 的主要参数

E_h/V × I_h/A		6.3×1.25
	工作条件	CCS
最大值	E_p/V	600
	E_{g2}/V	250
	E_{g1}/V	−150
	I_p/mA	112
	I_{g2}/mA	15
	I_{g1}/mA	3.5
	P_p/W	20
	P_{g2}/mA	3
	P_{g1}/mA	1
	E_{h-k}/V	±135
典型应用	工作状态	甲乙 1 类
	E_p/V	400
	E_{g2}/V	190
	E_g/V	−40
	I_p/mA	63 ～ 228
	I_{g2}/mA	～ 25
	R_L/kΩ	4
	P_o/W	55

最大屏极耗散功率时 (CCS)，屏极不变色。

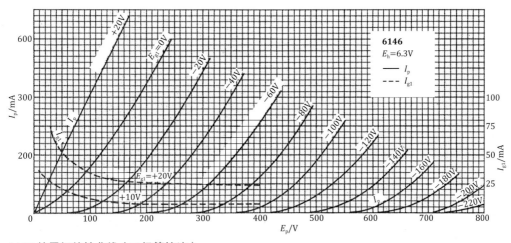

6146 的屏极特性曲线（三极管接法）

振荡、放大用风冷束射四极管（旁热式 / 直热式）
2E26/2E24

JRC 2E26

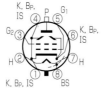

管座：US8– 大 8 脚

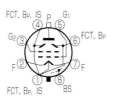

管座：US8– 大 8 脚

2E26/2E24 的主要参数

$E_h/V \times I_h/A$		$6.3 \times 0.8(2E26)$	
		$6.3 \times 0.6(2E24)$	
最大值	管型	2E26(CCS)	2E24(CCS)
	E_p/V	500	
	E_{g2}/V	200	
	E_{g1}/V	−175	
	I_p/mA	75	
	I_{g1}/mA	3.5	
	P_p/W	10	
	P_{g2}/W	2.5	
	$E_{h\text{-}k}/V$	± 100	
典型应用	工作状态	甲 1 类	
	E_p/V	250	250
	E_{g2}/V	160	160
	E_{g1}/V	−14	−8
	I_p/mA	35 ~ 42	35 ~ 40
	I_{g2}/mA	7 ~ 10	2.6 ~ 6.8
	$R_L/k\Omega$	5.5	6
	P_o/W	4	3.9

最大屏极耗散功率时 (CCS)，屏极不变色。

　　2E26 是旁热管，2E24 是直热管，它们的特性相同。在业余无线电领域，它们主要被用作 50MHz 和 144MHz 频段的末级管。此管过去也用于音频放大器，特别是单端放大器，体积小、音质好，单端工作可获得 4W 左右的输出功率。

　　甲乙 2 类推挽，E_p=400V、E_{g2}=200V、E_{g1}=−15V、I_p=20~150mA、R_L=6.2kΩ 的情况下，可获得 42W 的最大输出功率。要

注意的是，I_p 和 I_{g2} 变化很大，电源部分很重要。

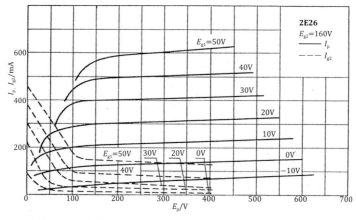

2E26 的屏极特性曲线

振荡、放大用风冷旁热式束射四极管
2B94 (5894)

2B94

管座：S7 脚

2B94 的主要参数

$E_h/V \times I_h/A$		12.6×0.9（串联） 6.3×1.8（并联）
最大值	工作条件	CCS
	E_p/V	600
	E_{g2}/V	250
	E_{g1}/V	−175
	I_p/mA	220
	I_{g2}/mA	28
	I_{g1}/mA	10
	P_p/W	40
	P_{g2}/W	7
	P_{g1}/W	2
	$E_{h\text{-}k}/V$	±100
典型应用	工作状态	甲乙 2 类
	E_p/V	600
	E_{g2}/V	250
	E_g/V	−25
	I_p/mA	50 ~ 200
	I_{g2}/mA	~ 26
	$R_L/k\Omega$	8
	P_o/W	86

　　工作频率达到 250MHz 的高性能发射管，比 829B 的 200MHz 还高。栅极为独立管脚，阴极和帘栅极共用管脚。

　　这款电子管的屏极电压较高，帘栅极电压较低，这意味着在发射机中使用没什么障碍，但音频应用有较大的难度。

　　用一只这样的电子管就可以打造单端放大器，但采用固定偏压时阴极须接地，帘栅极电压须尽量稳定，再降低阻抗，以消除串扰。

　　可见，这款电子管只适合推挽。由于 I_{g1} 的最大值为 10mA，推荐采用甲乙 2 类，将栅极电压推到正区。

　　用于音频放大器时，要适当降低 E_p，增大 I_p，最大限度地减少交越失真。

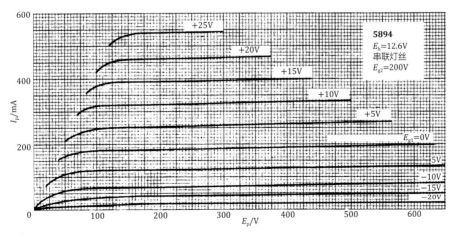

2B94 的屏极特性曲线

直热三极管
300B

管座：UX4- 大 4 脚

WE 300B（1987 年产）

高槻电器工业 TA-300B

历史悠久的著名电子管

WE 300B 可追溯到 1930 年发售的 WE 252A——于 1933 年改进为 WE 300A。WE 300A 主要是降低了灯丝功率和屏压，增大了屏流和输出功率，封装代号 ST-19，管基带定位销，管座为 UX-4 脚，约 1940 年停产。

与 300A 相比较，1938 年发售的 300B，灯丝结构作了重要的改进，即采用带中间抽头的灯丝，灯丝首尾接在一起为一端，中间抽头为另一端。这样改进减小了灯丝的等效长度，交流点灯时能降低交流声，直流点灯时内部电场强度较均匀。另一点是，定位销旋转了 45°。

300B 以前只在西电生产的电影扩音机上使用，另外在一些仪器设备上有少量应用。西电 1988 年停产 WE 300B 后，于 1995 年复产，直至现在。目前，不少国家都有 300B 仿制品生产，灯丝有吊钩式和弹簧支撑式两种结构，并且还有更大输出功率的衍生品。

日本早在 20 世纪 70 年代中期，就由冈谷电机产业推出过 HF 300B，遗憾的是由于西电的索赔，注定命短。2010 年，时隔 35 年之后，高槻电器工业推出的

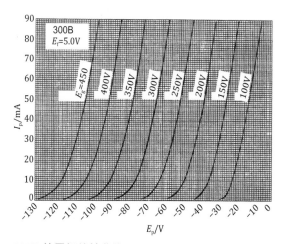

300B 的屏极特性曲线

300B 的主要参数

额定值			
E_{pmax}/V	400		
P_p/W	36		
I_p/mA	固定偏压 70		
	自偏压 100		
典型应用			
E_p/V	300	350	400
E_g/V	-61	-74	-87
I_p（无信号时）/mA	60	60	60
r_p/Ω	700	760	—
g_m/μS	5500	5400	—
μ	3.85	3.9	—
R_L/kΩ	3.4	4	3.5
P_o/W	5.6	7.0	10.5
二次谐波 /dB	30	30	30
三次谐波 /dB	44	44	38

TA-300B 才算得上第一款日本产电子管。300B 曾经一管难求，而现在首次制作电子管放大器便选用 300B 也不稀奇。

深受大家喜爱的电子管

300B 的灯丝规格为 5V×1.2A，电流不算大，所以从残留噪声的角度来说，最好采用直流点灯。屏极电压可以根据需要在 250 ~ 450V 之间选定，负载阻抗范围较宽，通常采用自给偏压电路。单管输出功率在 7W 左右，推挽使用可以获得 15W 的输出功率，可以获得宽广、丰富的声场。不采用负反馈也可以制作出优良的放大器。

栅极电路电阻最大为 100kΩ，如果前级输出阻抗较低，栅极电路电阻在 50kΩ 左右为宜。前级推动管选用适当的三极管，可以抵消二次谐波。事实上，无论是新手还是老手，都对它深爱有加。

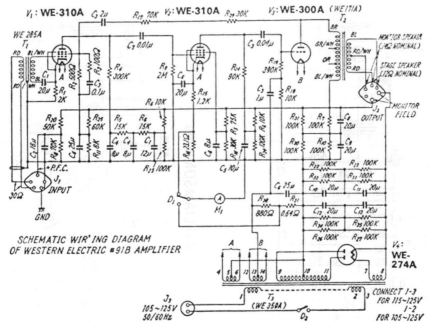

WE 91B 放大器电路（截自产品手册）

振荡、放大用风冷旁热式束射四极管
350A

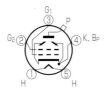

管座：UY5– 大 5 脚

WE 350A

350A 的主要参数

$E_h/V \times I_h/A$		6.3×1.6
最大值	工作条件	CCS(甲 1 类)
	E_p/V	600
	E_{g2}/V	300
	I_p/mA	125
	P_p/W	30
	P_{g2}/W	4
	E_{h-k}/V	150
典型应用	工作状态	甲 1 类
	E_p/V	350
	E_{g2}/V	250
	E_{g1}/V	−18
	I_p/mA	62 ~ 81
	I_{g2}/mA	2.5 ~ 16
	$R_L/k\Omega$	3.2
	P_o/W	15.8
	g_m/mS	7.1
	$r_p/k\Omega$	57.5

350A 可视为西电版 807，额定值略大。屏极耗散功率，807 为 25W，350A 为 27W（设计中心值）、30W（最大值）。最大屏极电流也增大了一些。灯丝电压同为 6.3V，350A 的灯丝电流为 1.6A，807 为 0.9A。

用于音频放大电路时可以参考 807 的设计，350A 因性能有富余，可以长期稳定工作。这款电子管的特点是单端输出功率大，E_p=500V 时可获得 24W 的最大输出功率。实际用例一般将屏极电压降低到 400V 左右，输出功率 18W。

三极管接法 E_p 不宜超过 300V，G_2 须串联 100Ω 保护电阻。

栅漏电阻，固定偏压不大于 100kΩ，自偏压不大于 500kΩ。

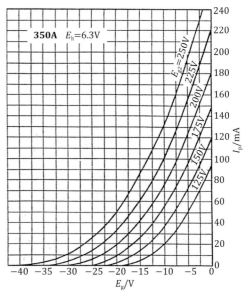

350A 的栅 – 屏转移特性曲线

振荡、放大用风冷旁热式束射四极管
350B

WE 350B

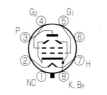

管座：US8－大8脚

与 350A 一样是多用途管，可用于高频功率放大和音频功率放大。屏极嵌在芯柱上，E_p 最高 400V。屏极最大耗散功率 25W。

按最大值标准接法设计的单端放大器，$E_p = 400V$、$E_{g2} = 250V$、$E_{g1} = -20V$、$R_L = 3k\Omega$ 时，输出功率可达 18W。E_{g2} 最大值为 250V，改为三极管接法时，E_p 须在 250V 以下。

推挽放大可轻松获得超过 30W 的输出功率。另外，束射管的主要失真是二次谐波失真，在推挽下可以相互抵消，有利于制作低失真率放大器。阻尼系数较低，还需在音质不恶化的范围内施加负反馈。

350B 的主要参数

$E_h/V \times I_h/A$		6.3×1.6
最大值	工作条件	CCS
	E_p/V	400
	E_{g2}/V	250
	I_p/mA	125
	P_p/W	25
	P_{g2}/W	4
	E_{h-k}/V	150
典型应用	工作状态	甲1类调幅
	E_p/V	350
	E_{g2}/V	250
	E_{g1}/V	−18
	I_p/mA	62 ~ 81
	I_{g2}/mA	2.5 ~ 16
	$R_L/k\Omega$	3.2
	P_o/W	15.8
	g_m/mS	7.1
	$r_p/k\Omega$	57.5

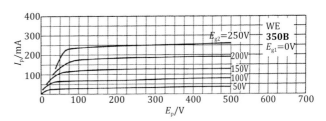

350B 的屏极特性曲线（标准接法）

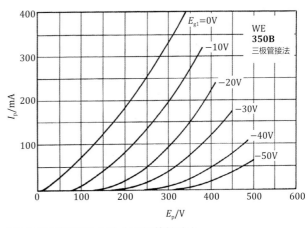

350B 的屏极特性曲线（三极管接法）

自然风冷旁热式双三极管
3C33

RCA 3C33

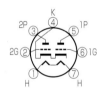

管座：S7 脚

3C33 属于发射管一类，但其屏极特性曲线良好，失真小，可制作出性能优良的放大器。

音频放大甲乙 1 类推挽可获得约 15W 的输出功率，甲乙 2 类推挽可获得约 40W。

阴极是共用的，推挽自偏压电路要注意电流平衡问题，单端应用时应采用固定偏压而不是自偏压来提高分离度。

仔细研究甲乙 1 类推挽输出 15W 的放大器制作实例会发现，其与 2A3 推挽是非常相似的，可视为 2 只"旁热式"2A3 封装在一起的电子管。

其数据手册中只给出了 E_p 峰值的参数，也没有低频应用。查找历史文献得知 E_p 为 300~400V，只要屏极耗散功率不超标，均可安全使用。另外，此管体积小、发热量大，要注意散热。

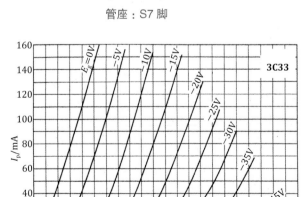

3C33 的屏极特性曲线

3C33 的主要参数

$E_h/V \times I_h/A$		12.6×1.125
	工作条件	CCS
最大值	E_p/V	±2000（峰值）
	E_g/V	−200
	I_p/mA	120
	I_g/mA	7.5
	P_p/W	15
	E_{h-k}/V	±100
	μ	11

振荡、放大用风冷直热式四极管
4-125A (4D21，4F21)

东芝 4F21/4-125A

管座：Jumbo-5 脚

大型发射管，采用 $5V \times 6.5A$ 钍钨灯丝，屏极耗散功率 125W，主要用于本地广播电台和中继站。由于是四极管，E_p 低于 E_{g2} 时要考虑负阻效应。

用于音频放大时，E_{g2} 最高 600V，E_p 最高 1000V。通常要尽可能降低 E_{g2}，然后以加大屏流的方式提高工作点，消除交越失真。三极管接法时，E_p 不能超过 E_{g2}，同时 G_2 要串接保护电阻，保证安全。

4-125A 的主要参数

$E_f/V \times I_f/A$		5.0×6.5
最大值	工作条件	CCS
	E_p/V	3000
	E_{g2}/V	600
	I_p/mA	225
	I_{g2}/mA	50
	I_{g1}/mA	20
	P_p/W	125
	P_{g2}/W	20（输入）
	P_{g1}/W	5
典型应用	工作状态	甲乙 1 类
	E_p/V	2500
	E_{g2}/V	350
	E_{g1}/V	-85
	I_p/mA	40 ～ 220
	I_{g2}/mA	7
	$R_L/k\Omega$	24
	P_o/W	320

三极管接法甲 2 类单端，$E_p=600V$、$I_p=100mA$、$R_L=5k\Omega$ 时，可获得约 20W 的输出功率。

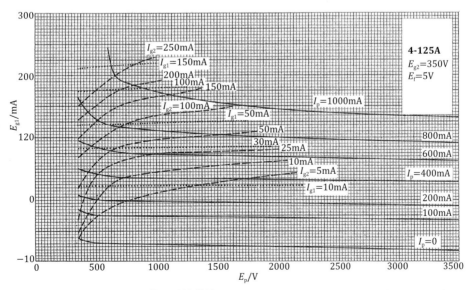

4-125A（4D21）的栅 - 屏转移特性曲线

旁热式五极管
41/6K6

41
管座：UZ6- 大 6 脚

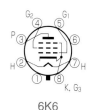

6K6
管座：US8- 大 8 脚

41

41/6K6 的主要参数

$E_h/V \times I_h/A$	6.0 × 0.4	
最大值		
E_p/V	315	
E_{g1}/V	285	
P_p/W	8.5	
P_{g2}/W	2.8	
$R_g/M\Omega$	0.1（固定偏压），0.5（自偏压）	
E_{h-k}/V	90	
特性	标准接法	三极管接法
μ	—	7.0
$r_p/k\Omega$	90	2.56
g_m/mS	2.3	2.73
E_p/V	250	250
I_p/mA	32	32
E_{g2}/V	250	—
I_{g2}/mA	5.5	—
典型应用（标准接法）	甲类单端	甲类推挽
E_p/V	315	285
E_{g2}/V	250	285
E_{g1}/V	−21	−25.5
$R_L/k\Omega$	7.6	12
I_p/mA	25.5	2 × 27.5
P_o/W	2.5	10.5

　　41 是高效阴极功率放大五极管，单端输出功率 2.5W，推挽输出功率 10.5W。

　　41 通常视为小功率 42，除屏极耗散功率外，其余指标基本相同。甲类单端应用时，41 的失真率稍高于 42。代换管型有 6K6G、6K6GT 等，类似管型有瓶形管 6AR5、锁式管 7B5 等。束射管 6V6 面市以后，很少有人用 41。

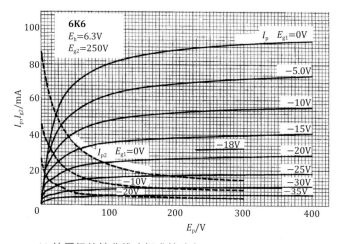

41 的屏极特性曲线（标准接法）

旁热式五极管
42/6F6

GE 42

RCA 6F6

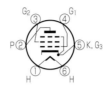

42

管座：UZ6- 大 6 脚

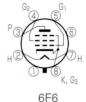

6F6

管座：US8- 大 8 脚

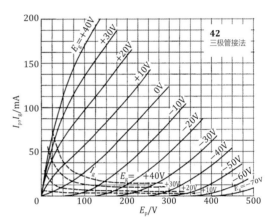

42 的屏极特性曲线（三极管接法）

收音机中常见的功率放大管，甲 1 类单端输出功率约 3W。推挽连接可获得超过 10W 的输出功率，三极管接法甲乙 2 类推挽可获得约 9W 的输出功率。

42 由筒形管 6F6GT 发展而来，之后衍生出在散热方面有较大的改进 6F6G。6F6GT 与 6F6 玻璃管壳内表面可见涂敷有吸收屏极二次电子的炭黑。

6F6 三极管接法电路，是很多人制作高保真功率放大器的启门键。

在欧洲，以 RCA 6F6G 为蓝本的同等管有很多，如 KT42、KT63 等。

42 的主要参数

$E_h/V \times I_h/A$	6.3 × 0.70	
最大值	标准接法	三极管接法
E_p/V	375	350
E_{g2}/V	285	—
P_p/W	11.0	10.0
P_{g2}/W	3.75	
E_{h-k}/V	90	

典型应用（推挽）	标准接法甲乙 2 类	标准接法甲 1 类	三极管接法甲乙 2 类
E_p/V	375	315	350
E_{g2}/V	250	285	—
R_k/Ω	340	320	730
I_p/mA	2 × 27	2 × 31	2 × 25
I_{g2}/V	2 × 8	2 × 6	—
$R_L/k\Omega$	10	10	10
P_o/W	19	10.5	9

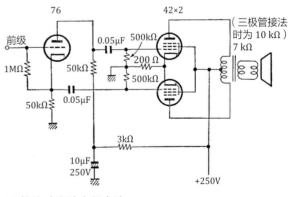

42 推挽功率放大级电路

电源用旁热式双三极管
421A (5998)

WE 421A

管座：US8-大8脚

WE 421A 是 旁热式双三极管，通常在稳压电源电路中作电源调整管用。由数据表可知，WE 421A 是西电版5998，类似管有6889、6AS7G和6080。

电源调整管的结构特征是椭圆形大阴极、屏极-阴极间距小、细网状栅极。因此，屏极内阻非常小，为330Ω。

双三极管适合制作推挽放大器，也可以利用屏极内阻小的特点制作OTL放大器。与6080、6AS7G相比，421A的偏压较浅，易推动。

421A 的主要参数

$E_h/V \times I_h/A$	6.3×2.4
最大值	
E_p/V	250
I_p/mA	125
P_p/W	13
$R_g/k\Omega$	100 以下
E_{h-k}/V	150
特性（E_p=110V，I_p=100mA）	
μ	5.9
$r_p/k\Omega$	330
g_m/mS	18.0

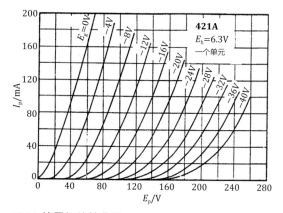

421A 的屏极特性曲线

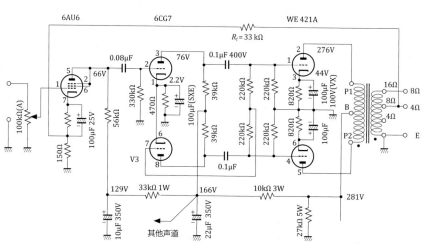

421A 推挽电路

<table>
<tr><td colspan="2">功率放大</td></tr>
</table>

直热式三极管
45/245

RCA 45

RCA 245

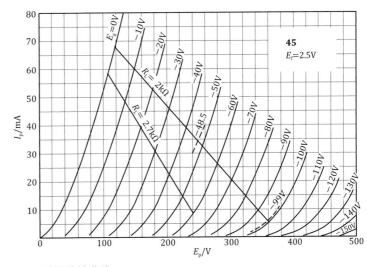

管座：UX4－
大 4 脚

45 的主要参数

$E_f/V \times I_f/A$	2.5×1.5
E_{pmax}/V	275
P_{pmax}/W	10
特性（E_p=275V, I_p=36mA）	
$r_p/k\Omega$	1.7
$g_m/\mu S$	2050
μ	3.5

RCA 在直热式三极管 250（茄形管）投产 1 年后，于 1928 年推出了小功率直热式三极管 245（茄形管）。

1933 年中期，茄形管 245 改良为瓶形 45，封装代号 ST-14。其厂商众多，产量很大，至今仍是声音纯净、广受欢迎的功率放大管。

二战前，45 作为收音机和电唱机的功率放大管，单端和推挽都有应用。同时，也是业余爱好者领域最流行的功率放大管。日本特有的旁热管 UY-45H（6.3V/0.4A）是同等管。

VT-52 是 45 的升级版，也叫 45 Special，是 Raytheon 于 1930 年底开发的军规管。后来，西电也开始生产同款电子管，最先作为发射机的发射管使用，后作为音频管使用。

45 的典型应用（甲 1 类单端）

E_{p0}/V	275（最大值）	250	180
E_g/V	−56	−50	−31.5
R_k/Ω	1550	1470	1020
I_p/mA	36	34	31
r_p/Ω	1700	1610	1650
μ	3.5	3.5	3.5
$g_m/\mu S$	2050	2175	2125
R_L/Ω	4600	3900	2700
P_o/W	2	1.6	0.825

45 的典型应用（甲乙 2 类推挽）

	固定偏压	自偏压
E_{p0}/V	275（最大值）	275
E_g/V	−68	—
R_k/Ω	—	775
I_p/mA	28	36
R_L/Ω	3200	5060
P_o/W	18	12

45 的屏极特性曲线

NU 46

管座：UY5– 大 5 脚

46 是经典的直热式功率放大四极管，不过此管通常作三极管用，并且有两种接法。

（1）将帘栅极与屏极接在一起，作信号放大。

46 的主要参数

$E_f/V \times I_f/A$	2.5 × 1.75	
特性	乙类推挽	甲类单端（三极管接法）
E_p/V	400（最大值）	250（最大值）
E_{g1}/V	0	−33
I_p/mA	6	22
I_{p0}/mA	200	—
P_p/W	20	—
μ	—	5.6
$r_p/k\Omega$	—	2.38
g_m/mS	—	2.35
$R_t/k\Omega$	1.45	6.4
P_o/W	20	1.25

（2）将帘栅极和栅极接在一起，作功率放大。

如此，只使用 46 这一种管型就能制作乙类推挽放大器。

甲类单端，呈现非常出色的三极管特性，不逊色于著名的 45。输出功率方面，在 E_p=250V 的情况下，45 在 I_p=34mA 时可以获得 1.6W，而 46 在 I_p=22mA 时可以获得 1.25W。

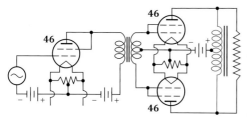

46 乙类推挽放大电路

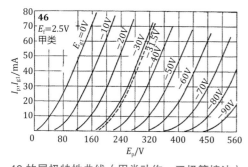

46 的屏极特性曲线（甲类动作，三极管接法）

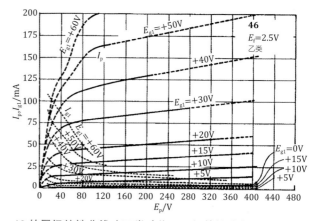

46 的屏极特性曲线（乙类动作，三极管接法）

直热式五极管
47

RCA 47

管座 : UY5– 大 5 脚

以高效率、大功率为目标开发的直热式五极管，可视为直热式 42。

47 作三极管接法的跨导较低，类似于早期的直热式三极管，如 45。

$E_p = 250\,V$、$E_g = -16\,V$、$I_p = 36\,mA$、$R_L = 5\,k\Omega$ 时，输出功率为 1.4 W。

47 的主要参数

$E_f/V \times I_f/A$	2.5×1.75
典型应用（甲 1 类单端）	
E_p/V	250（最大值）
E_{g2}/V	250（最大值）
E_{g1}/V	−16.5
I_p/mA	31
I_{g2}/mA	6
P_{gmax}/mA	0.1（固定偏压）
	0.5（自偏压）
μ	150
$r_p/k\Omega$	60
g_m/mS	2.5
$R_L/k\Omega$	7.0
$R_k/k\Omega$	450
P_o/W	2.7

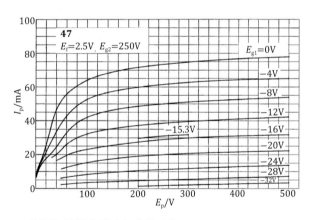

47 的屏极特性曲线（标准接法）

振荡、放大用旁热式束射四极管
4D32

4D32

管座：S7 脚

4D32 的主要参数

$E_h/V \times I_h/A$		6.3×3.75
	工作条件	CCS
最大值	E_p/V	600
	E_{g2}/V	350
	I_p/mA	300
	P_p/W	50
	P_{g2}/W	14
	P_{g1}/W	0.75
典型应用	工作状态	甲乙 1 类
	E_p/V	600
	E_{g2}/V	250
	E_{g1}/V	-25
	I_p/mA	100 ~ 365
	I_{g2}/mA	2
	$R_L/k\Omega$	3
	P_o/W	125

　　灯丝功率高达 23.6W，典型的工作于丙类状态的发射管，需要较大的灯丝提供大峰值屏极电流。为了增强屏极散热，散热板交叉安装。由于是旁热管，即使采用交流点灯，交流声也很小。

　　推挽输出功率为 125W，但条件是 E_p 和 E_{g2} 为指定值。实际上随着电流的增大，E_p 会下降，输出功率在 100W 左右。单端标准接法的输出功率约为 15W。作三极管接法时，E_p 由 E_{g2} 决定，不超过 350V。

　　I_{g1} 为额定值，在栅压正区内具有线性，建议试试甲 2 类单端。

　　由于跨导较高，G_2 须串接保护电阻，G_1 须串接 1kΩ 的抑制电阻。

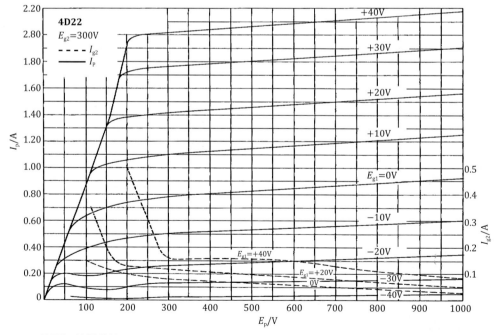

4D32 的屏极特性曲线

直热式三极管 50

RCA 50

管座：UX4– 大 4 脚

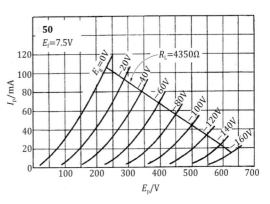

50 的屏极特性曲线

RCA 开发的音频专用功率三极管，E_p 为 450V 时，输出功率可达 4.5W（在当时具有划时代意义）。其原型 210 的 r_p、μ 都很大，I_p 小，无法获得大输出功率，不适合作音频功率放大。210 经改良，减小 r_p 以换取大输出功率，命名为 250。

从开发历史来看，250 的灯丝与 210 相同，均为 7.5V × 1.25A。最初是茄形管

UX-250，后来变成了大瓶形管（ST-19）UX-50。再后来，小型化为 ST-16 封装，命名为 50。

250/50 存在以下问题。

（1）栅漏电流较大，故栅漏电阻须严格限制在 10kΩ 以下。

（2）栅极偏压在 –70V 左右，很难推动，这意味着阻容耦合的推动级基本不适用。

为了解决这些问题，使用 50 的放大器多采用变压器耦合或直接耦合。

一般认为直到多极管（224）的出现，才使得直接耦合成为可能，如著名的罗夫亭 – 怀特放大器。

50 的主要参数

E_f/V × I_f/A	7.5 × 1.25		
典型应用			
E_p/V	350	400	450（最大值）
E_g/V	–63	–70	–84
I_p/mA	45	55	55
r_p/kΩ	1900	1800	1800
μ	3.8	3.8	3.8
g_m/mS	2.0	2.1	2.1
R_L/kΩ	4.1	3.67	4.35
R_k/Ω	1400	1275	1530
P_o/W	2.4	3.4	4.6

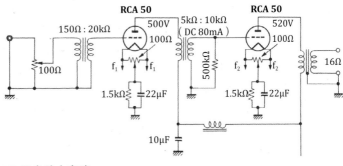

50 甲类放大电路

SSB 专用直热式三极管
572B

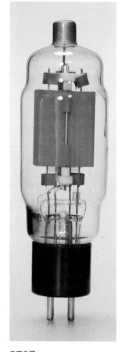

572B

管座：UX4– 大 4 脚

572B 的主要参数

$E_f/V \times I_f/A$		6.3×4
最大值	工作条件	ICAS
	E_p/V	2750
	E_g/V	−200
	I_p/mA	275
	P_p/W	160
典型应用	工作状态	高频 甲乙 2 类栅地放大
	E_p/V	1500
	E_g/V	0
	I_p/mA	20 ~ 280（单端）
	P_o/W	230

屏极耗散功率为 160W，由于是 SSB（单边带）发射机专用电子管，故显得屏极耗散功率很大。灯丝规格为 6.3V × 4A，与 811A 相同。因此，用于音频甲类放大时，实际屏极耗散功率最好不要超过 50W。

572B 主要用于高频线性放大器，是为栅极接地、信号输入阴极（灯丝）的栅地放大电路设计的。栅地放大电路的优点是，栅极因接地而成为内部屏蔽，可以减小极间电容，输入信号通过功率加到输出，成为高效的升压放大器。这种电路在无线电领域很是流行。

甲 2 类 单端，E_p=600V、I_p=60mA、R_L=7kΩ、E_g=+18V 时，最大输出功率可达 15W 左右。栅压正区时需要相应的功率推动，可以使用隔离变压器反相电路或直接耦合电路。

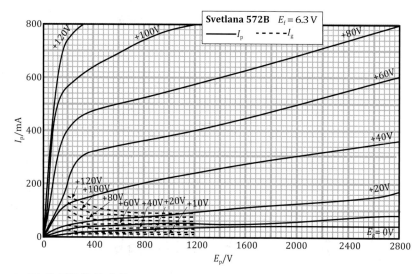

572B 的屏极特性曲线

振荡、放大（移相）用小型风冷旁热式束射四极管
5763

东芝 5763

管座：MT9– 小 9 脚

5763 的主要参数

	$E_h/V \times I_h/A$	6.0×0.75
	工作条件	CCS
最大值	E_p/V	300
	E_{g2}/V	250
	E_{g1}/V	-12.5
	I_p/mA	$50(I_k=65mA)$
	I_{g1}/mA	5
	P_p/W	12
	P_{g2}/W	2
	E_{h-k}/V	± 100
典型应用	工作状态	静态特性
	E_p/V	250
	E_{g2}/V	250
	E_{g1}/V	-7.5
	I_p/mA	45
	I_{g2}/mA	6.5
	P_o/W	2.7 ($f=135MHz$)
	g_m/mS	7
	$r_p/k\Omega$	30

最大屏极耗散功率时，屏极不变色。

5673 在业余无线电领域很出名，主要用作甚高频段的末级管或倍频管。用作末级管时，丙类放大能得到 10W 左右的输出功率。用作倍频管时，可实现二倍频、三倍频。虽然五极管与束射管不同，但从特性来看其与 6BQ5 很相似。

最大特点是 I_{g1} 容许值为 5mA。因此，不能使用 $E_g=0V$ 的特性，而是要使用栅压正区，这样才能充分发挥该电子管的性能。

由屏极特性图可知，推挽时负载电阻值设低一些，工作于甲乙 2 类状态为上策。虽说是小型功率放大管，却可以获得相当大的输出功率。

改为三极管接法用于乙 2 类单端放大，应该可以得到 3W 左右的输出功率。此时的 E_{g2} 最大值为 250V，屏极电压自然被限制在 $E_p=250V$。相应的，G_2 须串联 100Ω 左右的保护电阻。

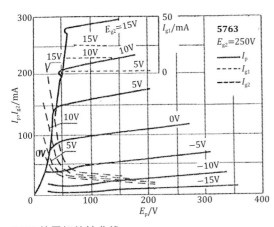

5763 的屏极特性曲线

稳压电源用旁热式双三极管
5998/5998A

5998A

用于直流稳压电源的双三极管。此管在 6AS7G 的基础上，将放大系数提高到了 5.4；且为了降低屏极内阻，跨导也提高到了 14mS。

5998A 自偏压的栅漏电阻最大值为 250kΩ。由于栅漏电流较大，因此将栅漏电阻减小一些更安全，建议 100kΩ。电源电压也要低一些，采用半固定偏压，每个阴极分别配置偏置电阻，这样工作点才会比较稳定。

两个单元并联使用时，应增加 500Ω 或更大的栅极串联电阻。应注意的是，此管 E_{h-k} 较低且发热严重，灯丝要并联点灯。

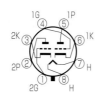

管座：US8- 大 8 脚

5998/5998A 与类似管的参数对比

	5998	5998A	6AS7G	6080
E_h/V	6.3	6.3	6.3	6.3
I_h/A	2.4	2.4	2.5	2.5
E_{pmax}/V	275	275	250	250
P_p/W	15	15	13	13
I_{pmax}/mA	140	140	125	125
R_{gmax}/MΩ	0.5	0.25	1	1
μ	5.5	5.4	2	2
g_m/mS	14	15.5	7	7
r_p/kΩ	—	350	280	280
E_{h-k}/V	100	100	300	300

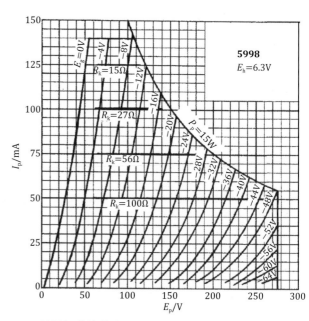

5998 的屏极特性曲线

小型直热式五极管
5A6 (CV4097)

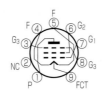

管座: MT9- 小 9 脚

CV4097

直热式高频功率放大管，小 9 脚封装，与军规型 CV4097 是同等管。用于便携式无线台，通常工作于丙类状态。在频率为 70MHz 的情况下，较小的推动功率就可以获得约 3W 的输出功率。

音频方面，标准接法甲乙类推挽可获得约 3W 的输出功率。

此管作三极管接法可以获得良好的线性，根据制作实例，工作条件为 E_p=150V、I_p=21mA、E_g=-16V、R_L=7kΩ，输出功率 1.1W。

5A6 的主要参数

$E_f/V \times I_f/A$	5×0.23（串联）2.5×0.46（并联）	
最大值		
E_p/V	150	
E_{g2}/V	150	
P_p/W	5	
P_{g2}/W	2	
I_p/mA	40	
典型应用	标准接法单端	三极管接法单端
μ	—	5.7
$r_p/k\Omega$	-15	1.4
g_m/mS	3.6	4.1
E_p/V	150	150
E_{g2}/V	150	150
I_k/mA	27	21
E_{g1}/V	-10	-16
$R_L/k\Omega$	—	7
P_o/W	—	0.56

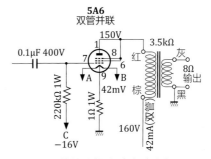

5A6 三极管接法推挽功率放大级

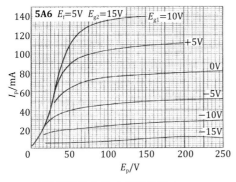

5A6 的屏极特性曲线（标准接法）

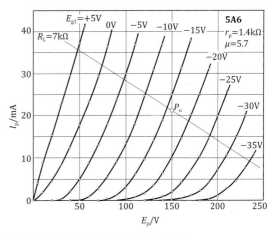

5A6 的屏极特性曲线（三极管接法）

功率放大 **旁热式束射四极管**
6550A/6550

GE 6550A　　　　　TUNG–SOL 6550

美国 TUNG-SOL 于 20 世纪 50 年代中期开发了束射管 6550，之后 RCA 和 GE 也有生产，英国 GEC 将其更新为 KT88。

6550 外观呈瓶形，6550A 外观呈筒形，KT88 则融合两种外形。

6550 系 列 的 E_{g2}（440V_{max}）比 E_p（600V_{max}）低得多，作三极管接法或超线性接法时要注意。此外，固定偏压时的栅漏电阻，相较于 KT88 的 220kΩ，6550 系列限制在 50kΩ。

不同时间生产的 GE 6550A 的尺寸各不相同，种类繁多。根据厂商发布的 6550 数据表，管脚接线图显示其为五极管，但实际应该是束射四极管。

6550 系列的主要参数

$E_h/V \times I_h/A$	6.3×1.6			
最大值	6550	6550A		KT88
		标准接法	三极管接法	
E_{pmax}/V	660	660	500	800
E_{g2}/V	440	440	—	600
P_{pmax}/W	42	42	42	35
P_{gmax}/W	6	6	—	6
$R_{g1}/k\Omega$ 固定偏压	50	50	50	220
自偏压	250	250	250	400
典型应用	标准接法甲 1 类单端			
E_p/V	400	250		
E_{g2}/V	225	250		
E_g/V	-16.5	-14		
I_p/mA	87	140		
I_{g2}/V	4	12		
R_L/Ω	3000	1500		
P_o/W	20	12.5		

管座：US8- 大 8 脚

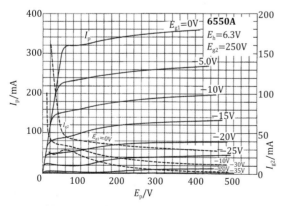

6550A 的屏极特性曲线（标准接法）

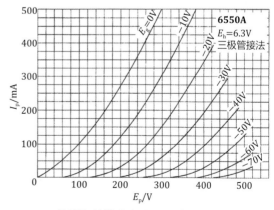

6550A 的屏极特性曲线（三极管接法）

旁热式束射四极管
6AQ5/6005/6CM6/6BW6

东芝 6AQ5

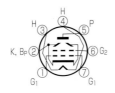

6AQ5/6005
管座：MT7– 小 7 脚

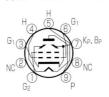

6CM6
管座：MT9– 小 9 脚

6BW6
管座：MT9– 小 9 脚

6AQ5 的主要参数

$E_h/V \times I_h/A$	6.3 × 0.45	
最大值		
E_p/V	250	
E_{g2}/V	250	
P_p/W	12	
P_{g2}/W	2.0	
I_k/mA	35	
$R_{g1}/M\Omega$	0.1（固定偏压）	
	0.5（自偏压）	
E_{h-k}/V	±200	
特性	标准接法	三极管接法
μ	—	9.5
$r_p/k\Omega$	52	1.97
g_m/mS	4.1	4.8
E_p/V	250	250
I_p/mA	45	49.5
E_{g2}/V	250	—
I_{g2}/mA	4.5	—
典型应用（标准接法）	甲类单端	甲乙类推挽
E_p/V	250	250
E_{g2}/V	250	250
E_{g1}/V	−12.5	−15
$R_L/k\Omega$	5.0	10
I_p/mA	45	2 × 35
P_o/W	4.5	10

此管由音频领域好评如潮的 6V6GT 改良而来。除了最大屏极电压（E_{pmax}=315V）和屏极 – 栅极电压（E_{g2max}=285V），其他电气特性与 6V6GT 基本相同。6AQ5 的优点是增益高，效率高，单端输出功率为

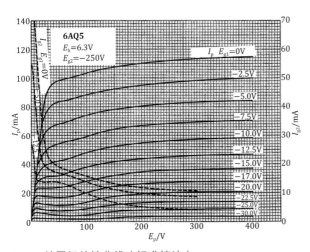

6AQ5 的屏极特性曲线（标准接法）

4.5W，推挽输出功率为 10W。

三极管接法的最大输出功率，甲类单端为 1.1 W，推挽为 3.1W，差异明显。

6AQ5 是 7 脚小型管，同等管有 9 脚小型管 6CM6 和 6BW6。6CM6 和 6BW6 的特性相同，但引脚连接不同，最大值与 6V6GT 相同，甲类单端的最大输出功率增大到 5.5W。另外，6AQ5 的高可靠性管型为 6005。

6AQ5 的竞品是 6BQ5（EL84）。6AQ5 的优点是失真少、灯丝效率高，但是相比 6BQ5 的 E_{pmax} 和 E_{g2max} 都是 300V，6AQ5 的输出功率较低。

旁热式五极管
6AR5

东芝 6AR5 Hi–Fi

6AR5 的主要参数

$E_h/V \times I_h/A$	6.3×0.4	
最大值		
E_p/V	250	
E_{g2}/V	250	
P_p/W	8.5	
P_{g2}/W	2.5	
I_k/mA	35	
$R_{g1}/M\Omega$	0.1（固定偏压）	
	0.5（自偏压）	
E_{h-k}/V	90	
典型应用（甲类单端）		
μ	—	
$r_p/k\Omega$	68	
g_m/mS	2.3	
E_p/V	250	
I_p/mA	32	
E_{g2}/V	250	
I_{g2}/mA	5.5	
E_{g1}/V	−18	
$R_L/k\Omega$	7.6	
P_o/W	3.4	

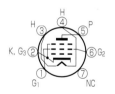

管座：MT7– 小 7 脚

此管生产厂商众多，广泛用于收音机、电视机等家用电器作音频功率放大。一般视为 6K6GT 的小型化产品。输出功率，甲类单端 3.4W，推挽 7.5W。

作三极管接法时，输出功率会变得相当小，单端 0.9W，推挽 2.3W。

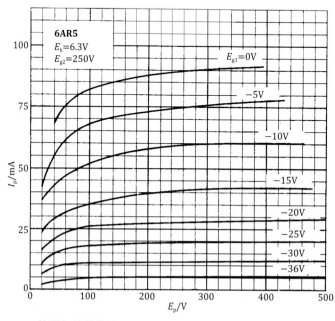

6AR5 的屏极特性曲线

TUNG–SOL 6AR6

6AR6/6098/6384
管座：US8– 大 8 脚

6889
管座：US8– 大 8 脚

旁热式束射四极管
6AR6/6098/6384/6889

功率放大

束射四极管 6AR6 由 WE 350A 改良而来，屏极有 3 片云母支撑。初期是椭圆形敷锆屏极，后来又增加了钡吸气剂，换成箱形屏极后省略了锆涂层。

外形与 TUNG-SOL 5881 相似。为了增大屏极电流，采用了 6.3V × 1.2A 灯丝。6AR6 的屏极耗散功率为 19W，6AR6WA 和 6098 为 21W。

屏极与 3 脚相连，但为了提高耐压，未接 2 脚和 4 脚。自偏压最大栅漏电阻 270kΩ，固定偏压最大栅漏电阻 100kΩ。出于稳定工作点的考虑，推荐采用固定偏压而非自偏压。

6384 的电气特性与 6AR6 基本相同，但具有超高可靠性，能耐受 500G 冲击，灯丝 – 阴极耐压高达 450V。缺点是阴极的热惯性大，不支持即开即听。

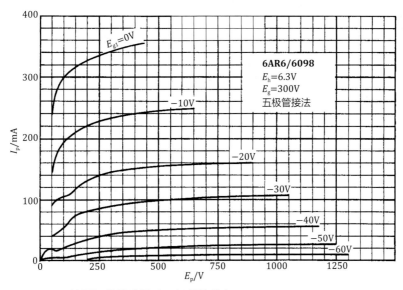

6AR6/6098 的屏极特性曲线（五极管接法）

稳压电源用旁热式双三极管
6AS7G/6080

功率放大

松下 6AS7G

GE 6080WC

管座：US8– 大 8 脚

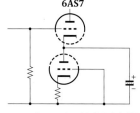

6080 与 6AS7 的典型应用

6AS7G 的偏压测量

	下管阴极电压 /V	下管屏极电压 /V	屏极电流 /mA
V_1	33.6	122	48.3
V_2	31.3	115	46.0
V_3	33.8	127	48.6
V_4	32.7	115	48.0

　　6AS7G/6080 是直流稳压电源用的双三极管，也广泛用于 OTL 放大器。

　　6080 的特点是放大系数低、跨导大，栅距较大，为了取得适当的跨导，缩小了阴极和栅极的间距。因此栅极电场均匀性差，线性也较差。6080 用于稳压电源时，每个单元的电流达到 10mA 才能正常工作。

　　根据 RCA 数据表给出的典型应用，有效屏极电压应该控制在 150V 以下或者用内部一个单元代替阴极电阻。

	6080	6AS7
工作状态	甲 1 类推挽	
E_p /V	200	250
I_{p0} /mA	120	100
I_{pmax} /mA	128	106
E_g /V	−90	−125
R_k /Ω	750	1250
E_{sig} /V	64	90
μ	2	2
R_L /kΩ	4	5
P_o /W	11	10

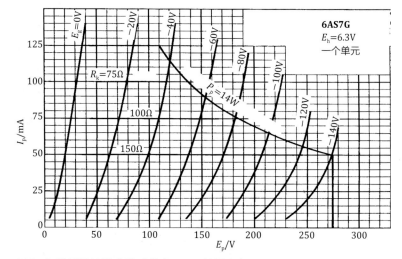

6AS7G 的屏极特性曲线（截自 RCA 数据表）

功率放大

旁热式束射四极管
6BG6G (6N7C)

管座：US8– 大 8 脚

6BG6G

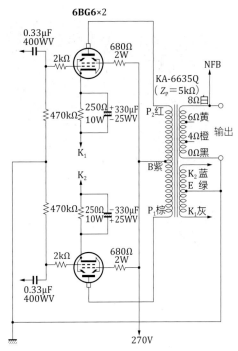

甲 1 类推挽阴极负反馈型功率放大级电路

由发射管 807 改造而成的电视机水平输出用束射管，取消了屏蔽，管座由 UY-5 型改为 US-8 型。

6BG6G 可视为其原型 6L6G 的同系列管，但不能等同于大型化的 6L6GC。

6BG6G 的最高屏极电压比 6L6 高，如果将屏极电压提高到 500V，应该能获得近 40W 输出功率。但是，由于屏极耗散功率小，所以会变成深甲乙类。在这种情况下，使用更大的电子管比较有利。考虑到可制作性，推荐采用甲 1 类推挽，屏极电压在 270V 左右。

6BG6、807、6L6G 的参数比较

	6BG6	807	6L6G
P_p/W	20	25	19
P_{g2}/W	3.2	3.5	2.5
g_m/mS	6	6.4	6
r_p/kΩ	25	24	22.5

6L6 的典型应用（参考）

状态	E_p/V	E_g 或 R_k	E_{g2}/V	I_p/mA	I_{g2}/mA	R_L/kΩ	P_o/W
甲 1 类单端	250	-14V	250	72	5	2.5	6.5
	300	-12.5V	200	48	2.5	4.5	6.5
	350	-18V	250	54	2.5	4.2	10.8
	250	170Ω	250	75	5.4	2.5	6.5
	300	220Ω	200	51	3	4.5	6.5
甲 1 类推挽	250	-16V	250	120 140	10 16	5	14.5
	270	-17.5V	270	134 155	11 17	5	17.5
	250	124Ω	250	120 130	10 15	5	14.5
	270	124Ω	270	134 145	11 17	5	18.5
甲乙 1 类推挽	360	-22.5V	270	88 132	5 15	6.6	26.5
	360	-22.5V	270	88 140	5 11	3.8	18
	400	-30V	300	56 143	2 16	6.8	36
	360	250Ω	270	88 100	5	9	24.5

43

电压 / 电流放大用旁热式三极 – 五极复合管
6BM8 (ECL82)

TEN 6BM8

为电视机垂直偏转电路的振荡和功率放大开发的复合管，灯丝规格多种多样。不过，6BM8 的灯丝 – 阴极耐压低，要注意。内部为高放大系数三极管与功率放大五极管（实际结构为束射四极管），单管就能制作单声道放大器，双管推挽输出功率可达 9W。

三极管部分的增益与 12AX7 相当。可惜的是，三极管部分的输入电容大至 4.4pF，要尽量使用小阻值电位器。

6BM8 在低电压下也能获得输出功率，负载阻抗的可用范围也很广，无论是标准接法，还是三极管接法，都很好用。另外，标准接法时屏极内阻为 20kΩ，容易取得适当的阻尼系数。作三极管接法时，输出功率下降很小，单端可获得 1.5W，推挽可获得 4W 的输出功率。三极管接法非常适合推动级。

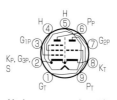

管座：MT9– 小 9 脚

不同灯丝规格的异型管

美国型号	欧州型号	E_h/V	I_h/A
6BM8	ECL82	6.3	0.78
8B8	XCL82	8	0.6
11BM8	LCL82	10.7	0.45
16A8	PCL82	16	0.3
32A8	HCL82	32	0.15
50BM8	UCL82	50	0.1

6BM8（RCA）的主要参数

E_h/V × I_h/A		6.3 × 0.78	
典型应用（甲 1 类低频放大）		三极管部分	五极管部分
E_{pmax}/V		550	900
E_p/V		100	200
P_{pmax}/W		1	—
E_{g1}/V		0	−16
E_{g2max}/V		—	550
E_{g2}/V		—	200
I_k/mA		15	50
R_L/MΩ		—	5.6
E_{h-k}/V		100	100

6BM8（RCA）的典型应用（自偏压推挽）

E_p/V	E_{g2}/V	R_k/Ω	I_p/mA	I_{g2}/mA	R_L/kΩ	P_o/W
170	170	135	33 37	6.2 15	5	7
200	200	170	35 42.5	8 16.5	4.5	9.3
230	200	200	30 34.5	6.2 13.5	7	10
250	200	220	28 31	5.8 13	10	10

三极管部分的电阻耦合放大

电源电压 /V	I_p/mA	R_L/kΩ	R_k/Ω	E_o/V	增益	失真率 /%
100	0.23	220	2.7	15	47	4.0
170	0.43	220	2.7	25	51	2.3
200	0.52	220	2.7	26	52	1.5

次级阻抗 680kΩ。

6BM8（RCA）的典型应用（固定偏压单端）

E_p/V	E_{g2}/V	E_{g1}/V	I_p/mA	I_{g2}/mA	R_L/kΩ	P_o/W
100	100	−6	26	5	3.9	1.05
170	170	−11.5	48	8	3.9	3.3
200	170	−12.5	35	6.5	5.6	3.4
200	200	−16	35	7	5.6	3.5

6BM8（RCA）的典型应用（自偏压单端）

E_p/V	E_{g2}/V	R_k/Ω	I_p/mA	I_{g2}/mA	R_L/kΩ	P_o/W
170	170	200	42	9.2	3.25	3.2
200	200	330	35	7.8	4.5	3.3
230	230	490	30	6.6	6	3.25
272	272	650	28	6.5	8	3.5

旁热式五极管
6BQ5 (EL84) /7189/7189A

东芝 7189A

各种品牌的 EL84

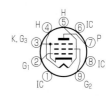

管座：MT9- 小 9 脚

6BQ5（EL84）是小 9 脚功率放大五极管。其跨导和电压灵敏度均高于其他功率放大管，用于功率放大器时对推动级要求不高，可以用相对较低的失真率推动，是制作中小功率放大器的首选品。

7189 和 7189A 的管脚配置同 6BQ5，电气特性基本相同，最大值略高。

6BQ5 的最大输出功率，甲类单端为 5.7W；三极管接法甲类单端为 2W；推挽甲乙 1 类约为 17W，其中超线性接法 11W，三极管接法 5.2W。6BQ5 作三极管接法时输出功率明显下降，但是输出阻抗变小，即使没有负反馈也能获得紧致的声音。

6BQ5 及相关管型的主要参数

	6BQ5	7189	7189A
$E_h/V \times I_h/A$	6.3×0.76		
最大值			
E_p/V	300	400	400
E_{g2}/V	300	300	400
P_p/W	12	12	13.2
P_{g2}/W	2.0	2.0	2.2
I_k/mA	65	65	72
$R_g/M\Omega$	0.3（固定偏压），1（自偏压）		
E_{h-k}/V	100		
特性	标准接法		三极管接法
μ	19		19.5
$r_p/k\Omega$	38		2.0
g_m/mS	11.3		10
E_p/V	250		250
I_p/mA	48		34
E_{g2}/V	250		—
I_{g2}/mA	5.5		—
典型应用	标准接法单端	超线性接法（43%）推挽	三极管接法推挽
E_p/V	250	300	300
E_{g2}/V	250	300	—
R_k/Ω	(−7.3V)	270	560
$R_L/k\Omega$	4.5	8	10
I_k/mA	48	2×40	2×24
P_o/W	5.7	11	5.2

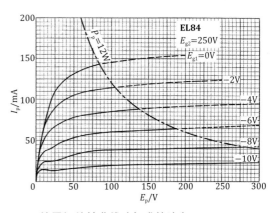

EL84 的屏极特性曲线（标准接法）

垂直振荡、功率放大用旁热式双三极管
6BX7

6BX7

管座：US8– 大 8 脚

电视机垂直振荡放大用双三极管，由于与 6G-A4 相似，故也用作音频功率放大管。在 6BX7 之后开发的管型，变成了振荡部分与功率放大部分具有不同特性的双三极管。

此管单管就能构成推挽功率放大级，很方便。但要注意，每个单元的屏极耗散功率为 10W，两个单元一起使用时总屏极耗散功率为 12W。

用于推挽时，较深固定偏压甲乙类更适用。单端应用时，一个单元用于前级，另一个单元用于功率放大级，可以充分利用每个单元的屏极耗散功率较大的优点。

6BX7 的主要参数

$E_h/V \times I_h/A$	6.3 × 1.5
E_{pmax}/V	2000（脉冲）
E_p/V	500
P_p/W	10（每单元）
E_g/V	0
I_k/mA	60
E_{h-k}/V	200

6BX7 与类似管的比较

		6BX7	6BL7	6G-A4
μ		10	15	10
g_m/mS		7.6	7.0	7.0
$r_p/k\Omega$		1.3	2.15	1.4
P_p/W	用 1 个单元	10	10	13
	用 2 个单元	6	6	—

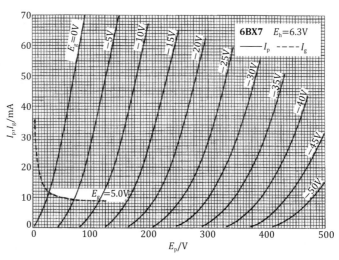

6BX7 的屏极特性曲线

调整用旁热式三极管
6C33C-B

管座：S7 脚

• 为保险丝

6C33C–B

6C33C–B 的主要参数

$E_h/V \times I_h/A$	6.3×6.6（并联），12.6×3.3（串联）
E_{pmax}/V	450（P_p=30W），250（$P_p > 30W$）
$R_g/k\Omega$	200（最大值）
P_{pmax}/W	60（双灯丝），45（单灯丝）
典型应用	
E_{po}/V	120
E_g/V	−36（−22）
I_p/mA	470 ～ 630
r_p/Ω	120
g_m/mS	30 ～ 50
μ	3.6 ～ 6

苏制 6C33C-B（6C33C）的管顶有 3 个角，很容易识别，屏极电阻低至 80Ω，是内阻极低的电源调整管。电子管发烧友们青睐其低内阻，将其用于 OTL 放大器。跨导高达 40mS，要注意失控和振荡。另外，阴极和管脚之间有保险丝，即使失控产生大电流，保险丝也能保护电路安全。管座是 7 脚的紧凑型，与美制 S7 型相同。

与美制 6080、6336A 这类双三极管（电源调整管）不同的是，6C33C-B 中 2 个单元的屏极、栅极、阴极在内部是一体的。但是，2 组灯丝是独立的，并联为 6.3V/6.6A，串联为 12.6V/3.3A，可单灯丝工作。在这种情况下，屏极耗散功率降低到 45W，跨导会变为 1/2，内阻会变为 2 倍。另外，6C33C-B 的跨导非常大，有避免单元之间产生偏差的优点。

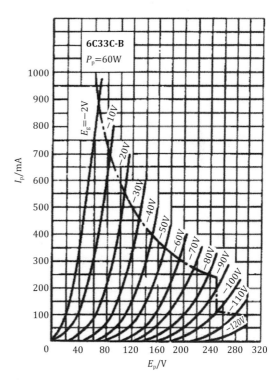

6C33C–B 的屏极特性曲线

功率放大、视频放大用旁热式五极管
6CL6

RCA 6CL6

管座：MT9– 小 9 脚

6CL6 的主要参数

$E_h/V \times I_h/A$		6.3 × 0.65
最大值	E_p/V	300
	P_p/W	7.5
	E_{g2}/V	300
	P_{g2}/W	1.7
	$R_g/k\Omega$	100（固定偏压）
		500（自偏压）
	E_{h-k}/V	±90
典型应用	工作状态	甲乙类单端
	E_p/V	250
	E_{g2}/V	150
	E_{g1}/V	−3
	I_p/mA	30 ~ 31
	I_{g2}/mA	7 ~ 7.2
	g_m/mS	11.0
	$r_p/k\Omega$	150
	$R_L/k\Omega$	7.5
	P_o/W	2.8

电视机视频放大管，类似的还有 12BY7A 和 12GN7 等。由于价格低廉，无线电领域常用其替代 5763 作倍频管。因跨导较高，在音频领域常用作推动管。

此管要注意自激振荡，栅极须串接 1kΩ 左右的抑制电阻。甲 1 类单端，E_p=250V、E_{g2}=150V，I_p=30mA、E_{g1}=−3V、R_L=7.5kΩ 时，最大输出功率为 2.8W。在此条件下，I_{g2} 从无信号到最大输出功率仅有 0.2mA 波动。这表明，即使帘栅极是简单的串联电阻降压，输出功率也不会显著下降。

甲 1 类 推 挽，E_p=250V、E_{g2}=150V、I_p=30mA、E_{g1}=−3V、R_L=7.5kΩ 时，E_p=150V，I_p=20mA，按负载阻抗 10kΩ 计算，可以得到 5W 以上的输出功率。利用局

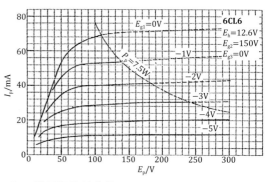

6CL6 的屏极特性曲线

部负反馈尽可能改善开环特性，然后略微加一点大环路负反馈，就能打造出稳定工作的放大器。

垂直偏转输出用旁热式五极管
6CW5

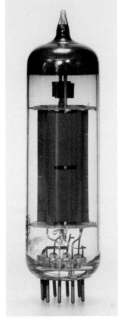

6CW5

6CW5 的主要参数

$E_h/V \times I_h/A$		6.3×0.76
最大值	E_p/V	250
	P_p/W	12
	E_{g2}/V	200
	P_{g2}/W	1.75
	I_k/mA	100
	$R_g/k\Omega$	1000
	E_{h-k}/V	200
典型应用	工作状态	甲 1 类单端
	E_p/V	170
	E_{g2}/V	170
	E_{g1}/V	−12.5
	I_p/mA	70
	I_{g2}/mA	5 ~ 22
	g_m/mS	10
	$r_p/k\Omega$	23
	$R_L/k\Omega$	2.4
	P_o/W	5.6

管座：MT9– 小 9 脚

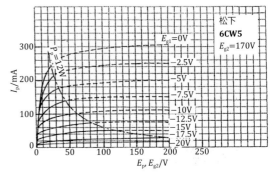

6CW5 的屏极特性曲线（$E_{g2} = 170V$）

电视机垂直偏转输出管。6CW5 与 6BQ5 比较，虽然输入电压和最大输出功率没有太大区别，但 6CW5 内阻低，即使不进行深度负反馈，也能获得所需的阻尼系数。最大输出功率，单端为 5.3W，甲乙 1 类推挽为 18.5W，适用于中功率放大器制作。

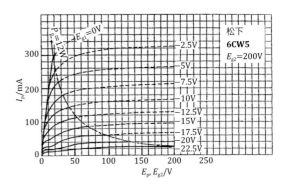

6CW5 的屏极特性曲线（$E_{g2} = 200V$）

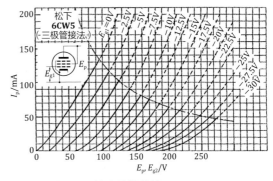

6CW5 的栅 – 屏转移特性曲线

49

垂直偏转振荡、输出用旁热式双三极管
6EM7/6EA7

锁式 GE 6EM7/6EA7（左）和芯柱式 6EM7/6EA7（右）

管座：US8– 大 8 脚

6EM7 的主要参数

$E_\mathrm{h}/V \times I_\mathrm{h}/A$		6.3×0.9	
		一单元	二单元
最大值	E_p/V	330	330
	P_p/W	1.5	10
	I_k/mA	22	50
	$R_\mathrm{g}/M\Omega$	2.2	2.2
	$E_\mathrm{h\text{-}k}/V$	±200	±200
典型应用	E_p/V	250	250
	E_g/V	−3	−20
	I_p/mA	1.4	50
	g_m/mS	1.6	7.2
	$r_\mathrm{p}/k\Omega$	40	0.75
	μ	68	5.4

电视机用筒形管，一单元用于垂直振荡，二单元用于垂直放大，与 6DE7 和 6CS7 的用途相同。用这种电子管制作音频放大器的例子有很多。

一单元进行电压放大，二单元进行功率放大，便可完成一个声道。二单元的屏极耗散功率为 10W，内阻为 750Ω，无反馈输出功率约 3W，阻尼系数为 2 左右。

推挽可获得约 10W 的输出功率，偶次失真被抵消，非常适合低失真率放大器。如果用半导体整流，那么用两只管子就能打造紧凑型立体声放大器。

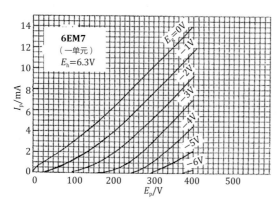

6EM7 一单元的屏极特性曲线

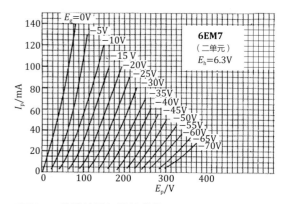

6EM7 二单元的屏极特性曲线

旁热式五极管
6F6/42

RCA 6F6　　　SYLVANIAN 6F6GT　　　NEC 42

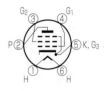

6F6, 6F6G, 6F6GT
管座：US8– 大 8 脚

42
管座：UZ6– 大 6 脚

收音机音频功率放大电子管。此管有很多种封装，6F6 是金属管，6F6GT 是筒形管，6F6G 是瓶形管，42 是 UZ-6 脚瓶形管。42 的前身是 2A5，再往前追溯是美国最早的五极管 47。虽然很是古老，但它们的性能和音质都很好，所以一直在用。6F6 成名于三极管接法推挽结构的奥尔森放大器。

6F6 标准接法甲 1 类单端放大器，E_p=280V 时可以得到 4.8W 输出功率；三极管接法时，一般做作推动管用，能得到 0.85W 输出功率。

三极管接法甲 2 类单端，R_L=7kΩ、E_p=280V 时，可以得到约 3W 输出功率。6F6 有很宽的栅压正区，E_g 可达 +40V，要充分利用这一特性。

标准接法甲 1 类推挽最大输出功率约 1.1W，甲乙 2 类约 18.5W，三极管接法甲乙 2 类约 13W。

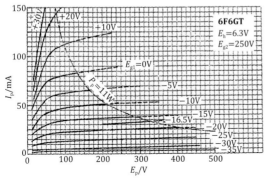

6F6 的屏极特性曲线（E_{g2} = 250V）

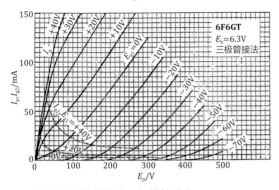

6F6 的屏极特性曲线（三极管接法）

6F6 的主要参数

	E_h/V × I_h/A	6.3 × 0.7
最大值	E_p/V	375
	P_p/W	11
	E_{g2}/V	285
	P_{g2}/W	3.75
	R_g/kΩ	100（固定偏压）
		500（自偏压）
	E_{h-k}/V	±90
典型应用	工作状态	甲 1 类单端
	E_p/V	285
	E_{g2}/V	285
	E_{g1}/V	−20
	I_p/mA	38 ~ 40
	I_{g2}/mA	7 ~ 13
	g_m/mS	2.55
	μ	6.8（μ_{g1-g2}）
	r_p/kΩ	78
	R_L/kΩ	7
	P_o/W	4.8

旁热式三极管
6G-A4

东芝 6G–A4 Hi-Fi

管座：US8– 大 8 脚

6G-A4 的主要参数

$E_h/V \times I_h/A$	6.3×0.75	
最大值		
E_p/V	350	
P_p/W	13	
$R_g/k\Omega$	250（固定偏压）	
	500（自偏压）	
$E_{h\text{-}k}/V$	100	
典型应用（甲 1 类单端）		
E_p/V	280	
E_g/V	−21.5	
I_p/mA	47 ~ 57	
g_m/mS	7.0	
μ	10	
$r_p/k\Omega$	1.4	
$R_L/k\Omega$	5	
P_o/W	3.2	

6G-A4 相当于从双三极管 6BX7 中独立出来的一个单元，灯丝电流减小 1/2，但屏极耗散功率增大到了 13W。

6BX7 的两个单元封装在同一个壳体内，只用一个单元时屏极耗散功率为 10W。如果两个单元同时工作，那么各单元的屏极会相互加热，耗散功率共 12W。

甲 1 类单端可以得到与 2A3 同级别的输出功率（3.2W），但是偏压只有 2A3 的一半，推动起来相当轻松。这样，电路结构简化为 2 级，非常适合初学者。甲乙 1 类推挽输出功率为 10W，采用自偏压时可获得与 2A3 推挽相当的输出功率。

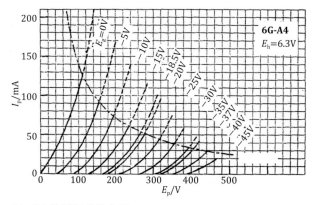

6A–G4 的屏极特性曲线

水平偏转输出用束射四极管
6G-B3A (12G-B3A)

东芝 6G-B3A

6G-B3A 的主要参数

	$E_h/V \times I_h/A$	6.3×1.2
最大值	E_p/V	550
	P_p/W	13
	E_{g2}/V	200
	P_{g2}/W	5
	I_k/mA	150
	$R_g/k\Omega$	500
	E_{h-k}/V	± 200
典型应用	E_p/V	100
	E_{g2}/V	100
	E_{g1}/V	-7.7
	I_p/mA	100
	I_{g2}/mA	7
	g_m/mS	14
	μ	6（μ_{g1-g2}）
	$r_p/k\Omega$	5.3

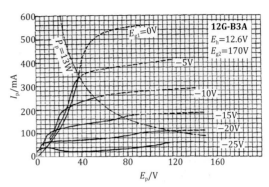

12G-B3A 的屏极特性曲线（标准接法，$E_{g2} = 170V$）

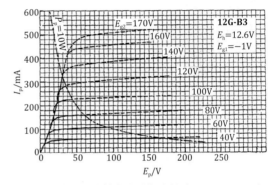

12G-B3 的屏极特性曲线（标准接法，$E_{g1} = -1V$）

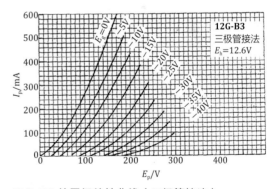

12G-B3 的屏极特性曲线（三极管接法）

电视机水平扫描电子管。为了提高屏极电压，屏极设在管顶。12G-B3A 和 17G-B3A，仅灯丝规格不同，屏极耗散功率均为 13W。

6G-B3A 内阻很低，在音频领域主要用于 OTL 放大器。然而，它当时推动的并不是 8Ω 或 16Ω 的低阻抗扬声器，而是 200 ~ 400Ω 的高阻抗扬声器。

这类电子管具有遥截止特性，使用变压器输出时，单端放大存在失真大的问题，最好采用推挽电路消除失真。

甲乙 1 类推挽，在 E_p=200V、E_{g2}=120V、R_L=3.5kΩ 的情况下，可以获得输出功率约 15W。此外，在 P_p 范围内提高 E_p 可以提升输出功率，但要处理好交越失真。

三极管接法和超线性接法受到 E_{g2} 最大值的限制，无法使用 200V 以上的 E_p。考虑到三极管接法单端放大器甲 1 类只能

输出 2W 左右，还是选用别的电子管为妙。

管座：US8- 大 8 脚

旁热式束射四极管
6G-B8

东芝 6G–B8 通测用 Hi–S

管座：US8- 大 8 脚

日本开发的大功率束射管，比较小众。

灯丝规格为 6.3V×1.5A，屏极耗散功率为 35W，规格大体上与 KT88 相当，不好用是因为其帘栅极耐压稍低（KT88 为 600V，6G-B8 为 440V）。屏极电压为 700V 时，甲乙 1 类推挽在失真率为 3.2% 的条件下，可以获得超过 130W 的输出功率。

由于跨导较高，甲1类单端工作（E_p=250V，E_{g2}=250V，I_p=140mA，E_{g1}=-8V，R_L=1.6kΩ）可获得 15W 的输出功率。三极管接法甲 1 类数据显示失真率较高，可能是二次失真引起的。推挽时二次失真得以消除，18.5W 最大输出功率的失真率低至 2.5%（E_p=E_{g2}=380V，I_p=102mA/ 单元，R_L=3.5kΩ）。

要特别注意的是，6G-B8 的玻璃壳和底座发热严重，不仅会影响其本身，还会影响周边零件的寿命。

6G–B8 的主要参数

E_h/V × I_h/A	6.3 × 1.5	
最大值		
E_p/V	800	
E_{g2}/V	440	
P_p/W	35	
P_{g2}/W	10	
I_k/mA	200	
R_g/MΩ	0.5（固定偏压）	
	0.7（自偏压）	
E_{h-k}/V	±100	
典型应用	甲乙 1 类推挽	三极管接法单端
μ	—	15
r_p/kΩ	—	750
g_m/mS	—	20
E_p/V	700	350
I_p/mA	2×45	109
E_{g2}/V	320	—
I_{g2}/V	2×21	—
E_{g1}/V	−20	R_k = 160Ω
R_L/kΩ	6.0	2.0
P_o/W	7.5（失真率8%）	130（失真率3.2%）

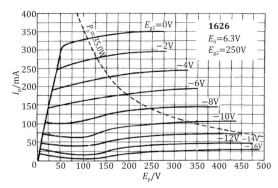

6G-B8 的屏极特性曲线（标准接法）

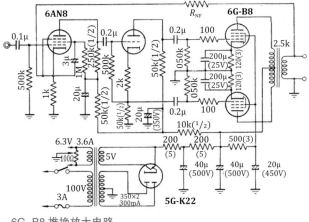

6G-B8 推挽放大电路

电压放大用旁热式三极 − 五极复合管
6GW8 (ECL86)

松下 6GW8

TESLA PCL86

6GW8 可视为 12AX7 的一个单元＋功率放大五极管 EL3，多用于东欧电视机的音频功率放大级，14V 灯丝的 14GW8（PCL86）现在也很容易获得。

由于是音频用复合管，管脚配置比 6BM8 更合理。三极管部分的交流声电平比 6BM8 低，五极管部分的跨导比 6BM8 高，容易产生振荡。

输出功率方面，单端为 4W，推挽为 10W 以上，三极管接法单端为 1W，甲类推挽为 2.5W。由于增益有保证，所以可以充分进行负反馈。

ECL86（6GW8）的 主要参数

$E_h/V \times I_h/A$	6.3×0.7	
	三极管部分	五极管部分
E_{pmax}/V	550	550
E_p/V	300	300
P_{pmax}/W	0.5	9
E_{g1}/V	—	−16
E_{g2max}/V	—	550
E_{g2}/V	—	300
P_{g2max}/W	—	1.8
I_k/mA	4	55
$P_{g1}/M\Omega$	1	0.5
$E_{h\text{-}k}/V$	100	100

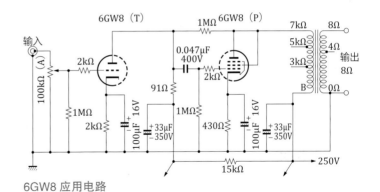

6GW8 应用电路

ECL86（6GW8）的典型应用（固定偏压单端）

年代	E_p/V	E_{g2}/V	R_k/Ω	I_p/mA	I_{g2}/mA	$R_L/k\Omega$	P_o/W	I_h/A
1961	250	250	84	32.5 35.5	5.6 9	8.2	10	0.7
	300	300	132	31 37	5 10.6	9.1	14.3	
1970	250	250	90	35 37.3	5.6 8.9	8.2	10	0.66
	300	300	130	31 36.5	5.5 11	9.1	13.6	

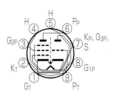

管座：MT9− 小 9 脚

ECL86（6GW8）的典型应用（三极管部分电阻耦合）

电源电压 /V	I_p/mA	$R_L/k\Omega$	$R_{g1}/k\Omega$	$R_k'/k\Omega$	E_o/V	增益	失真率 /%
200	0.42	220	2.6	680	3.2	66	0.6
250	0.6	220	1.75	680	3.2	70	0.4
250	0.6	220	1.75	1000	5	75	0.4
300	0.8	220	1.2	1000	9	80	0.4

ECL86（6GW8）的典型应用（自偏压单端）

E_p/V	E_{g2}/V	R_k/Ω	I_p/mA	I_{g2}/mA	$R_L/k\Omega$	P_o/W
250	250	170	36	6	7	4
250	250	270	26	4.4	10	2.8

旁热式束射四极管
6L6/6L6G

RCA 6L6

MAZDA 6L6G

SYLVANIA 6L6GAY

6L6 的主要参数

$E_h/V \times I_h/A$	6.3×0.9		
最大值	标准接法		三极管接法
E_p/V	360		275
E_{g2}/V	270		—
P_p/W	19		19
P_{g2}/W	2.5		—
E_{h-k}/V	180		
$R_k/M\Omega$	0.1（固定偏压），0.5（自偏压）		
典型应用	标准接法		三极管接法
	甲类单端	甲类推挽	甲乙1类推挽	甲类单端
E_p/V	350	270	400	250
E_{g2}/V	250	270	300	—
E_{g1}/V	−18	−17.5	−25	−20
I_p/mA	54	2×67	2×51	40
I_{g2}/mA	2.5	2×5.5	2×3	—
μ	—	—	—	8
g_m/mS	5.2	5.7	—	4.7
$r_p/k\Omega$	33	23.5	—	1.7
$R_L/k\Omega$	4.2	5.0	6.6	5
P_o/W	10.8 (K=15%)	17.5 (K=2%)	34 (K=2%)	1.4 (K=5%)

管座：US8– 大 8 脚

6L6 是 RCA 开 发的束射四极管，输出功率超过了之前的功率放大五极管，是划时代的产品。1936 年问世的 6L6 是金属管，1937 年衍生出小型管 6L6G（ ST-16 ），随后尺寸更小（ ST-14 ）的云母屏极 6L6GAY 登场。它们的规格都与 6L6 相同。之后，在 6L6 的基础上提高屏极电压的发射管 807 就出现了。与此同时，西电在 6L6 的基础上开发出了音频功率放大管 350B。从商用实例来看，无一例外，都提高了灯丝功率和阴极的热容量。

6L6 的阴极效率高，灯丝功率 5.7W，甲类单端输出功率 10.8 W。

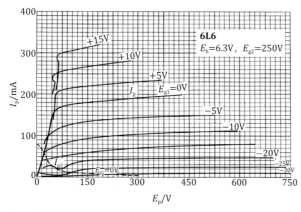

6L6 的屏极特性曲线（标准接法）

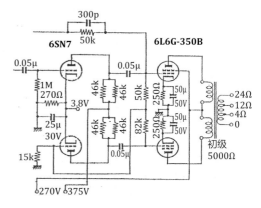

WE A10 功率放大器的主要电路

旁热式束射四极管
6L6GC/6L6WGB (5881) /7027

6L6GC　　TUNG-SOL　7581A　　JJ Electronic
　　　　　 5881　　　　　　　 7027（P_p = 30W）

管座：US8– 大 8 脚

6L6GC 将 6L6 的 屏 极 耗 散 功率从 19W 增大到了 30W。

三 极 管 接 法，E_p=250V 时只能获得 1.4W 的输出功率，比之 6V6 系列相形见绌。但是，采用推挽的情况下，E_p=330V 时可以获得 6W 的输出功率。

5881 是 6L6WGB 的 别 名，P_p 和 P_{g2} 比 6L6 大 20%，额定 23W，介于 6L6（P_p=19W）和 6L6GC（P_p=30W）之间。此外，为了适配工业用途，还添加了椭圆增强云母，并重新设计了电极和底座结构，以耐受冲击和振动。虽然也有 6L6WGB 这种商品管型，但最好与上述工业管区别对待。

6L6GC/5881 的主要参数

	6L6GC		6L6WGB/5881	
$E_h/V \times I_h/A$	6.3×0.9		6.3×0.9	
最大值	标准接法	三极管接法	标准接法	三极管接法
E_p/V	360	275	400	400
E_{g2}/V	270	—	400	—
P_p/W	19	19	23	26
P_{g2}/W	2.5	—	3	—
$E_{h\text{-}k}/V$	180	200		
$R_k/M\Omega$	0.1（固定偏压）0.5（自偏压）		0.1（固定偏压）0.5（自偏压）	
典型应用	标准接法			三极管接法
	甲类单端	甲类推挽	甲乙 1 类推挽	甲类单端
E_p/V	350	270	450	250
E_{g2}/V	250	270	400	—
E_{g1}/V	−18	−17.5	−37	−20
I_p/mA	54	2×67	2×58	40
I_{g2}/mA	2.5	2×5.5	2×2.8	—
μ	—	—	—	8
g_m/mS	5.2	—	—	4.7
$r_p/k\Omega$	33	—	—	1.7
$R_L/k\Omega$	4.2	5.0	5.6	5
P_o/W	10.8 (K=15%)	17.5 (K=2%)	55 (K=2%)	1.4 (K=5%)

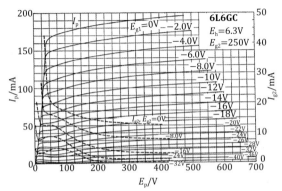

6L6GC 的屏极特性曲线（标准接法）

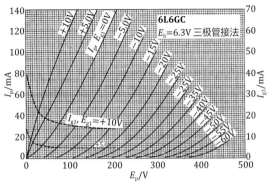

6L6GC 的屏极特性曲线（三极管接法）

6R-A6

垂直偏转输出用旁热式三极管

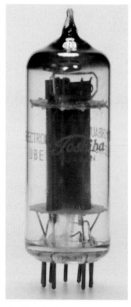

东芝 6R-A6

管座：MT9- 小 9 脚

6R-A6 的主要参数

	$E_h/V \times I_h/A$	6.3×0.9
最大值	E_p/V	550
	P_p/W	10
	I_k/mA	40
	$R_g/k\Omega$	2200
	$E_{h\text{-}k}/V$	200
典型应用	E_p/V	250
	E_g/V	-12
	I_p/mA	26
	g_m/mS	8.5
	μ	15
	$r_p/k\Omega$	1.75

电视机垂直偏转输出电子管。此管设计意图很明显，以较大的阴极达到高峰值屏极电流的目的。其比同用途的 6S4A 大一圈，灯丝功率为 $6.3V \times 0.9A = 5.67W$，与大型束射管 6L6 相同。

在以往的音频放大器制作实例中，有将其用于推动级的，甲乙 1 类推挽可获得 10W 的输出功率。

管内是纯三极管，而不是多极管作三极管接法，因而很受三极管发烧友青睐。

由于推动电压不高，故可以利用屏－阴分割倒相电路，制作简单的推挽放大器。计算可知，单端输出功率为 2W 左右（$R_L = 5k\Omega$，$E_p = 250V$，$I_p = 35mV$，$E_{g1} = -12.5V$）。

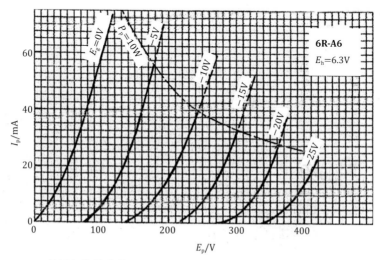

6R-A6 的屏极特性曲线

低频功率放大用旁热式三极管
6R-A8

6R-A8

管座：MT9- 小 9 脚

NEC 以 2A3 为蓝本开发的小 9 脚三极管，G_1 在外部接 G_2，内部为三极管接法。为了提高可靠性，各极增加了散热片。

与 2A3 比较，其优点是跨导高，一半的输入电压能得到 3.5W 的最大输出功率（单端），降低了前级设计难度。

内阻为 900Ω，与 2A3 的 800Ω 差距不大，即使不使用负反馈，也能得到适当

6R-A8 的主要参数

$E_h/V \times I_h/A$	6.3×1	
最大值	E_p/V	350
	P_p/W	15
	I_k/mA	120
	$R_g/k\Omega$	100（固定偏压）
		250（自偏压）
	E_{h-k}/V	±200
典型应用	工作状态	甲 1 类单端
	E_p/V	250
	E_g/V	-19
	I_p/mA	55 ~ 61
	g_m/mS	10.5
	μ	9.7
	$r_p/k\Omega$	0.9
	$R_L/k\Omega$	2.5
	P_o/W	3.5

的阻尼系数。

缺点是 E_p-I_p 特性比 2A3 稍差，单端工作的二次谐波失真稍多；体积小，温升大，须充分散热。

甲乙类推挽可以得到 15W 左右的输出功率，非常适合制作家用放大器。

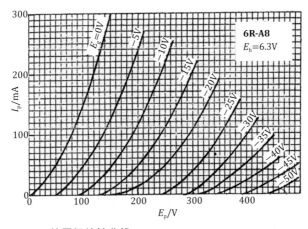

6R-A8 的屏极特性曲线

旁热式束射四极管
6V6/5992/7C5/6005W/6094/6AQ5/6BW6/6П1П

Standard Electric 6V6GTY 　7C5 　东芝 6AQ5

高效灯丝束射管。这一系列有许多规格，如大型玻璃管、筒形玻璃管、锁式管（7C5）、小 9 脚管（6094）、小 7 脚管（6AQ5，6005W）。

单端可以获得 5.5W 的输出功率，但屏极电压和帘栅极电压不同，很难调整。因此，建议按典型应用 250V 帘栅极电压、4.5W 输出功率设计。

推挽可以得到 14W 的输出功

6V6 的最大值

$E_h/V \times I_h/A$	6.3×0.45
工作状态	甲 1 类低频放大
E_p/V	315
P_p/W	12
P_{g2}/W	2.0
$E_{h\text{-}k}/V$	200

率，建议采用自偏压，并引入负反馈改善阻尼系数。

按公开的 6V6 栅压正区特性，作三极管接法时，屏极电压 250V，甲乙 2 类推挽，10kΩ 负载阻抗，应该能得到 8.5W 左右的输出功率。在该工作条件下，阻尼系数得以改善，但是电路变得相当复杂。

6V6 系列的比较

规格	6V6	5992	7C5	6AQ5	6BW6	6094	6П1П
	设计值	设计值	设计值	设计值	最大值	最大值	最大值
E_h/V	6.3	6.3	7	6.3	6.3	6.3	6.3
I_h/A	0.45	0.6	0.48	0.45	0.45	0.6	0.5
E_{pmax}/V	315	300	315	250	350	300	250
P_p/W	12	12	12	12	13.2	14	12
E_{g2max}/W	285	275	285	250	310	275	250
P_{g2}/W	2	2	2	2	2.2	2	2.5

6V6 的典型应用

E_{g2}/V	E_{sig}/V	I_p/mA	I_{g2}/mA	$R_L/k\Omega$	P_o/W
180	8.5	29	3.0	5.5	2
		30	4.0		
250	12.5	45	4.5	5	4.5
		47	7.0		
225	13	34	2.2	8.5	5.5
		35	6.0		
250	12.5	44	4.0	5	4.3
250	30	70	5	10	10
		79	13		
285	38	70	5	8	14
		92	13		
300	36.2	85	5	8	14
		90	15		

6V6/5992
管座：US8- 大 8 脚

7C5
管座：8 脚锁式

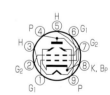

6094
管座：MT9- 小 9 脚

6BW6
管座：US8- 大 8 脚

6П1П
管座：MT9- 小 9 脚

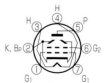

6AQ5/6005W
管座：MT7- 小 7 脚

旁热式束射四极管
6Y6/25C6/50C6

功率放大

RCA 6Y6

低电压功率放大管，屏极电压200V即可获得6W的输出功率。

除了6.3V×1.25A的6Y6，灯丝以外的规格与25C6（25V×0.3A）、50C6（50V×0.15A）相同。

另外，特性相近的管型有25B6G和6W6。

管座：US8– 大 8 脚

6Y6 及类似管的主要参数

	6Y6	25B6G	6W6
E_h/V	6.3	25	6.3
I_h/A	1.25	0.3	1.25
E_{pmax}/V	200	200	300
E_{g2}/W	135	135	150
P_p/W	12.5	12.5	10
P_{g2}/W	1.75	2	1.25
g_m/mS	7	5	8
典型应用			
E_p/V	200	200	200
P_p/W	135	135	125
R_L/kΩ	2.6	2.5	5
P_o/W	6	7.1	3.8

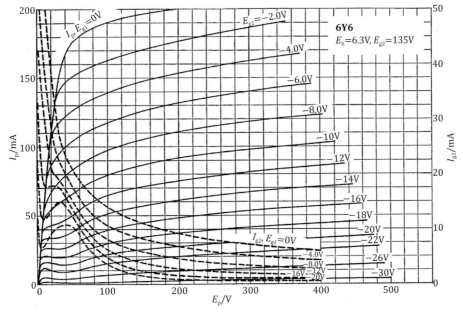

6Y6 的屏极特性曲线

61

旁热式五极管
6Z-P1

松下 6Z-P1

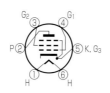

管座：UZ6- 大 6 脚

6Z-P1 及类似管的最大值

	6Z-P 1		6G6G	41
E_h/V	6.3		6.3	6.3
I_h/A	0.35		0.15	0.4
E_p/V	180	250	180	180
E_{g2}/V	180	180	180	180
E_{g1}/V	−10	−10	−9	−13.5
I_p/mA	15	15	15	18.5
g_m/mS	1.75	1.8	2.3	1.85
R_L/Ω	12	12	10	9
P_o/W	1	1.5	1.1	1.5

小型收音机用旁热式功率放大管，是
日本特有的管型，屏极耗散功率 4W。

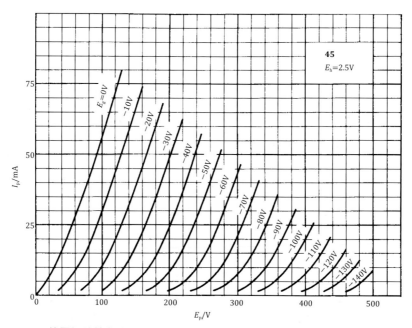

6Z-P1 的屏极特性曲线

直热式三极管
71A/171A

NU 71A

RCA 171A

71A 的主要参数

E_f/V × I_f/A	5.0 × 0.25		
最大值			
E_p/V	180		
I_p/mA	20		
特性（E_p=180V，E_g=-40.5V）			
μ	3		
r_p/kΩ	1750		
g_m/mS	1.70		
典型应用（甲类单端）			
E_p/V	180	135	90
I_p/mA	20	17.3	10
E_g/V	-40.5	-27	-16.5
P_g/W	2.15	1.7	1.6
R_L/kΩ	4.8	3.0	3.0
P_o/W	0.79	0.40	0.125

早期的收音机音频放大和电源调整
管。最初的 171 采用钍钨灯丝，E_f=5.0V，
I_f=0.5A。后来改为氧化灯丝，效率提高了，
E_f 减半到 0.25A，型号变为 171A。再后来
改为小型管，型号为 71A。还有 UX-71B，
灯丝电流更小，为 0.125A。

输出功率 0.7W，非常适合收音机用。
作为早期电子管，虽然输出功率小，但音
质非常通透，是公认的妙音管。随着音频
技术的进步，71A 在很长一段时间内仍受
欢迎。

管座：UX4- 大 4 脚

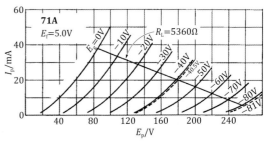

71A 的屏极特性曲线

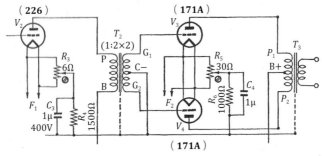

171A 变压器耦合推挽放大电路

功率放大用旁热式束射四极管
7591/7868/6GM5

JJ ELECTRONIC
7591S

7591、7868、6GM5 在 6L6 的基础上提高了耐压和增益，填补了 6BQ5 和 6CA7 之间的空白。

外形上比 6L6GC 小一圈，帘栅极用 2 个管脚引出，目的是散热，所以 2 个帘栅极管脚之间要用粗线连接。7868 的控制栅极也用 2 个管脚引出，同样要连接起来加强散热。

这三种电子管提高了跨导，牺牲了线性，可以归类为推挽用电子管。数据表给出的第一个典型应用是超线性接法，可能是出于减小帘栅极耗散功率的考虑。

单端放大也能工作，但二次谐波非常多。

9T9 是顶部为筒形的小 9 脚管型。另外，6EW7 也很有名。

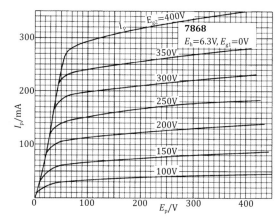

7868 的屏极特性曲线

7591 与类似管的比较

管型	外形	P_p/W	P_{g2}/W	E_{pmax}/V	E_{g2max}/V	I_{kmax}/mA
6GM5	9T9	19	3.3	550	440	85
7868	T9	19	3.3	550	440	90
7591	US8	19	3.3	550	440	86
7591A	US8	19	3.3	550	440	90

7591 的典型应用

工作状态	E_p/V	E_{g1} 或 R_k	E_{g2}/V	E_{sig}/V	I_p/mA	I_{g2}/mA	R_L/kΩ	P_o/W
甲 1 类单端	300	−10V	300	10	60 / 75	8 / 15	3	11
甲 1 类推挽	300	−12.5V	300	25	86 / 116	12.6 / 26	6.6	23
	350	−15.5V	350	31	92 / 130	13 / 28.6	3.8	30
	400	−16V	350	32	85 / 143	11 / 27	6.8	37
	450	−16.5V	350	33	77 / 153	9.6 / 27	9	43
	450	−21V	400	42	66 / 147	9.4 / 30	6.8	45
	450	— / 200Ω	400	28	82 / 94	11.5 / 22	9	28
甲乙 1 类推挽	400	−20.5V	400	41	60 / 115	8 / 18	6.6	23
	425	— / 185	425	42	88 / 100	12 / 16	6.6	21

7591
管座：US8− 大 8 脚

7591 的最大值

E_h/V	6.3 × 0.8
E_p/V	550
E_{g2}/V	440
P_p/W	19
P_{g2}/W	3.3
I_k/mA	85
R_{g2}/MΩ	0.3（固定偏压） / 1.0（自偏压）
E_{h-k}/V	200

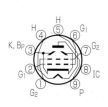

7868
管座：T9 脚

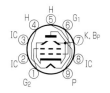

6GM5
管座：MT9− 小 9 脚

振荡、放大用风冷直热式三极管
800 (VT-64)

功率放大

800/VT–64

管座：UX4– 大 4 脚

发射管，其工作频率可达到 60MHz，钍钨灯丝，屏极耗散功率 35W。

由于是茄形管，所以它被认为是早期开发的电子管。屏极和栅极从管顶伸出，看起来像长了角。

800 的主要参数

$E_f/V \times I_f/A$		7.5×3.1
	工作条件	CCS
最大值	E_p/V	1250
	E_g/V	−400
	I_p/mA	80
	I_g/mA	25
	P_p/W	35
典型应用	工作状态	乙类
	E_p/V	1000
	E_g/V	−55
	I_p/mA	28 ~ 160
	$R_L/k\Omega$	12.5
	P_o/W	100
	μ	15

最大屏极耗散功率时，屏极不变色。

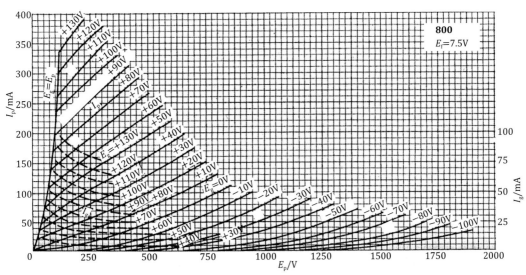

800 的屏极特性曲线

65

振荡、放大用直热式三极管
8005

管座：UX4– 大 4 脚

RCA 8005

8005 的主要参数

$E_f/V \times I_f/A$		10×3.25（钍钨灯丝）	
	工作条件	CCS	ICAS
最大值	E_p/V	1250	1500
	E_g/V	−200	−200
	I_p/mA	200	200
	I_g/mA	45	45
	P_p/W	75	85
典型应用	工作状态	乙类	
	E_p/V	1250	1500
	E_g/V	−55	−70
	I_p/mA	40 ～ 320	40 ～ 310
	$R_L/k\Omega$	8	10
	P_o/W	250	300

最大屏极耗散功率时，屏极呈樱桃红（CCS）、橙色（ICAS）

瓶形管，体积与 300B 类似，屏极从管顶伸出。灯丝规格与 211 相同，为 $10V \times 3.25A$。屏极耗散功率为 75W。连续工作条件下，最大屏极耗散功率时屏极会变红，这是正常状态，这也是不同于一般小功率管的地方。

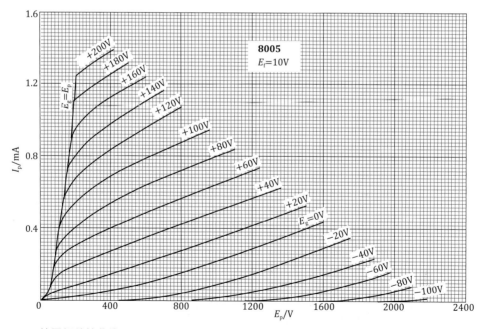

8005 的屏极特性曲线

发射、高频功率放大用直热式三极管
801A (VT-62)

VT-62

管座：UX4- 大 4 脚

历史悠久，一般视为 210 的最终改进型，曾用作小型发射机的末级管。这款电子管的生产期很长，现在还能买到。屏极耗散功率 20W，但是屏极的尺寸较小，是一款效率相当高的电子管。

用于音频放大器时，甲 2 类推挽，E_p=600V、I_p=30mA、负载阻抗 20kΩ 时，可以获得接近 20W 的输出功率。

在单端放大器中，其使用方法较为固定，

801A 的主要参数

$E_f/V \times I_f/A$		7.5×1.25（钍钨灯丝）
最大值	工作条件	CCS
	E_p/V	600
	I_p/mA	70
	I_g/mA	15
	P_p/W	20
典型应用	工作状态	甲 1 类
	E_p/V	600
	E_g/V	-55
	I_p/mA	30
	$R_L/k\Omega$	7.8
	P_o/W	3.8
	g_m/mS	1.84
	$r_p/k\Omega$	4.3
	μ	8

最大屏极耗散功率时，屏极不变色。

甲 2 类，E_p=600V、I_p=30mA、R_L=14kΩ 时，标准输出功率为 8W。作为发射管的一大特征，屏极特性曲线图中的 E_g 曲线非常规则，谐波失真很小。

要注意的是，虽然其最大屏极电流为 60mA，但实际使用时最好不要超过 30mA，长期大电流工作会导致灯丝变细。

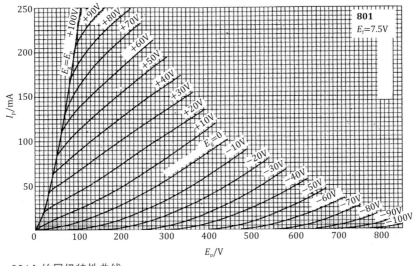

801A 的屏极特性曲线

振荡、放大用风冷直热式五极管
803

RCA 803

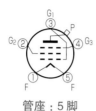

管座：5 脚

803 的主要参数

$E_f/V \times I_f/A$		10×5（钍钨灯丝）
最大值	工作条件	CCS
	E_p/V	2000
	E_{g2}/V	600
	E_{g3}/V	500
	I_p/mA	160
	I_{g1}/mA	50
	P_p/W	125
典型应用	工作状态	乙类
	E_p/V	1500
	E_{g2}/V	550
	E_{g1}/V	−35
	I_p/mA	110
	I_{g2}/mA	30
	I_{g1}/mA	5
	P_o/W	53
	g_m/mS	4（I_p=62.5mA 时）

最大屏极耗散功率时（CCS），屏极呈暗红色。

高度超过 200mm 的大型发射管，仅灯丝功率就达到了 50W。

配用特殊的大型 5 脚管座。采用石墨屏极，屏极耗散功率为 125W。其安装面积较大，需要较大的底板。

甲 2 类 单 端，E_p=900V、I_p=65mA、R_L=10kΩ 时，最大输出功率为 25W。

按屏极特性曲线图计算，用于甲乙 2 类推挽，E_p=1000V、I_p=100mA、R_L=10kΩ 时，可以获得最大输出功率 135W。

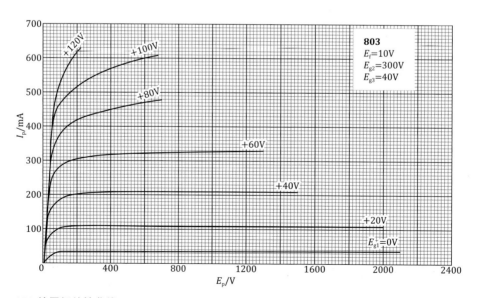

803 的屏极特性曲线

高频振荡、放大用直热式五极管
804 (RK20A)

Raytheon RK20A

管座：UY5- 大 5 脚

相当于803的小型版。上下都有芯柱，屏极安装于上芯柱，其他电极安装于下芯柱，在电子管内部组合而成的结构。RK20A 的顶部屏极周围有金属罩，但804没有。

甲2类单端，E_p=500V、I_p=60mA、R_L=10kΩ 时，可以获得 12W 的输出功率。

推挽甲乙2类，可以得到30W的输出功率。采用三极管接法时，E_{g2} 的最大值为300V，忌超限工作。

804 的主要参数

E_f/V × I_f/A		7.5 × 3.0（钍钨灯丝）	
	工作条件	CCS	ICAS
最大值	E_p/V	1250	1500
	E_{g2}/V	300	300
	E_{g3}/V	200	200
	I_p/mA	95	100
	I_{g1}/mA	15	15
	P_p/W	40	50
典型应用	工作状态	乙类	
	E_p/V	1000	1500
	E_{g2}/V	300（E_{g3} = 45V）	300（E_{g3} = 45V）
	E_{g1}/V	−20	−26
	I_p/mA	45	45
	I_{g2}/mA	11.5	12
	I_{g1}/mA	1	1.5
	P_o/W	12	28
	g_m/mS	3.25（I_p = 32mA）	—

最大屏极耗散功率时（CCS、ICAS），屏极不变色。

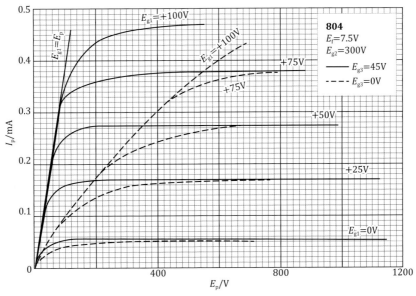

804 的屏极特性曲线

管座：UV-4 脚

振荡、放大用风冷直热式三极管
805

805

采用钍钨灯丝、石墨屏极，灯丝规格与 211 相同，为 $10V \times 3.25A$。这款电子管的内阻和放大系数较高。

单端，$E_p=900V$、$I_p=70mA$、$R_L=10k\Omega$ 时，可获得 25W 的输出功率。此时，E_g 为 +10V 或更高。由于内阻较高，建议采用大环路负反馈或阴极负反馈，将阻尼系数设定在 1 以上。乙类推挽，$E_p=1250V$、$I_p=148\sim400mA$

805 的主要参数

$E_f/V \times I_f/A$		10×3.25（钍钨灯丝）
最大值	工作条件	CCS
	E_p/V	1500
	I_p/mA	210
	I_g/mA	60
	P_p/W	125
典型应用	工作状态	乙类
	E_p/V	1500
	E_g/V	-16
	I_p/mA	$84 \sim 400$
	$R_L/k\Omega$	8.2
	P_o/W	370

最大屏极耗散功率时（CCS，ICAS），屏极不变色。

（2 路）、$R_L=6.7\ k\Omega$ 时，可获得 300W 的输出功率。

通常，为了抑制交越失真和减小谐波失真，将工作点设为 $E_p=1000V$、$I_p=80mA$、$R_L=10k\Omega$，输出功率 100W。

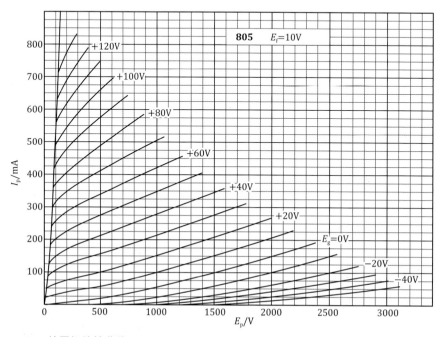

805 $E_f=10V$

+120V
+100V
+80V
+60V
+40V
+20V
$E_g=0V$
-20V
-40V

I_p/mA

E_p/V

805 的屏极特性曲线

振荡、放大用风冷旁热式束射四极管
807

东芝 807

这是一款在业余无线电领域非常流行的电子管，工作频率可达 60MHz，多见于 28MHz 无线电台中。其原型是 6L6，同等管有外观不同的 2B33，管脚接线和灯丝规格不同的 1624（$E_h \times I_h = 2.5V \times 2A$）、1625（VT-136，$E_h \times I_h = 12.6V \times 0.45A$）等，性能优异。

标准接法，$E_p = 600V$、$E_{g2} = 300V$ 时，甲乙 2 类推挽可以得到 80W 的输出功率。此时，I_p 为 84 ~ 200mA，对电源要求较高。特别是 E_{g2} 电源，要确保电压稳定。

三极管接法时，通常 E_p 须匹配 E_{g2}，但 807 允许 E_p 达到 400V。顺便说一下，$E_p = 400V$ 时，三极管接法甲乙 1 类推挽的输出功率为 15W。虽然没有甲乙 2 类的典型应用，但作为发射管 $I_g = 5mA$，栅压正区工作可以获得更大的输出功率。单端可参考 6L6 的典型应用，工作条件相当宽裕。标准接法甲 1 类单端输出功率接近 10W，而三极管接法的甲 1 类单端输出功率在 2W 左右。

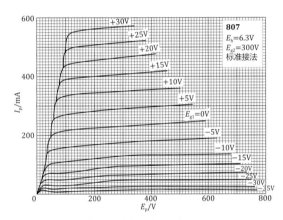

807 的屏极特性曲线（标准接法）

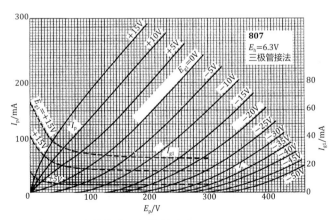

807 的屏极特性曲线（三极管接法）

807
管座：UY5– 大 5 脚

1625
管座：UT7– 大 7 脚

807 的主要参数

$E_h/V \times I_h/A$		6.3×0.9	
	工作条件	CCS	ICAS
最大值	E_p/V	600	750
	E_{g2}/V	300	300
	E_{g1}/V	120	120
	I_{g1}/mA	5	5
	P_p/W	25	30
	E_{h-k}/V	±135	±135
	工作状态	甲乙 2 类	
典型应用	E_p/V	600	750
	E_{g2}/V	300	300
	E_{g1}/V	-32	-35
	I_p/mA	48 ~ 200	30 ~ 240
	I_{g2}/mA	0.7 ~ 18	0.5 ~ 20
	$R_L/k\Omega$	6.9	7.3
	P_o/W	80	120

最大屏极耗散功率时（CCS、ICAS），屏极不变色。

振荡、放大用风冷直热式三极管
808

RCA 808

管座：UX4– 大 4 脚

808 的主要参数

$E_f/V \times I_f/A$		7.5V×4A（钍钨灯丝）	
最大值	工作条件	CCS	ICAS
	E_p/V	1500	2000
	I_p/mA	150	150
	I_g/mA	35	40
	P_p/W	50	75
典型应用	工作状态	乙类	
	E_p/V	1500	2000
	E_g/V	-22.5	-36
	I_p/mA	30 ~ 190	40 ~ 220
	$R_L/k\Omega$	18.3	21.4
	P_o/W	185	300
	μ	47	—

最大屏极耗散功率时（CCS），屏极呈樱桃红色。

外形像缩小版 100TH，屏极耗散功率为 50W，CCS 最大屏极耗散功率时屏极呈樱桃红色。

$\mu=47$，内阻较高。灯丝规格为 7.5V×4A，最大耗散功率为 30W。

甲 2 单端，$E_p=500V$、$I_p=80mA$、$R_L=7k\Omega$，可以获得 15W 的输出功率。对应的栅压为 +15 ~ +20V。甲乙 2 类推挽，能获得 100W 以上的输出功率。

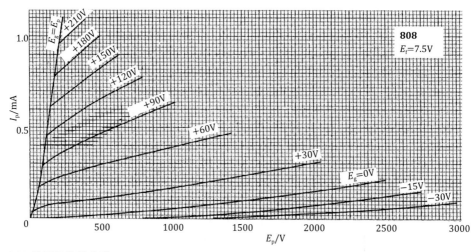

808 的屏极特性曲线

振荡、放大用风冷直热式三极管
809

管座：UX4– 大 4 脚

RCA 809

809 的主要参数

$E_f/V \times I_f/A$		6.3×2.5
最大值	E_p/V	1000
	I_k/mA	125
	I_g/mA	35
	P_p/W	25(CCS)，30(ICAS)
典型应用	工作状态	乙类推挽
	E_p/V	700
	E_g/V	0
	I_p/mA	$(35 \sim 125) \times 2$
	$R_L/k\Omega$	6.2
	P_o/W	120
	μ	50

管壳尺寸与 300B 相同，使用大型阴极。钍钨灯丝，$E_f=6.3V$，$I_f=2.5A$，较之大功率灯丝，屏极耗散功率较小，CCS 工作条件下仅 25W。E_p 的最大值为 1000V，这正是采用顶屏极结构的原因。另外，由于放大系数较高（50），内阻也大，因此栅压正区的工作范围较大。

制作单端放大器要灵活应用范围较大的栅压正区，否则输出功率很小。I_g 容许值为 35mA，I_g 大小不是问题。

$E_p=500V$、$I_p=50mA$、$R_L=10k\Omega$ 时，可获得 7W 左右的输出功率。

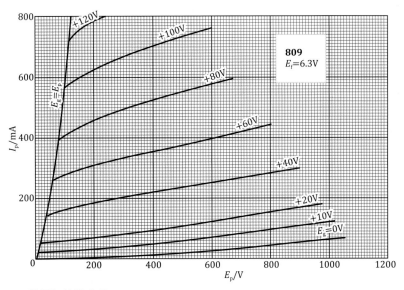

809 的屏极特性曲线

振荡、放大用风冷直热式三极管
810

810

管座：UV–4 脚

810 的主要参数

E_f/V × I_f/A		10 × 4.5（钍钨灯丝）	
最大值	工作条件	CCS	ICAS
	E_p/V	2500	2750
	I_p/mA	250	250
	I_g/mA	70	75
	P_p/W	125	175
典型应用	工作状态	乙类	
	E_p/V	2000	2250
	E_g/V	−50	−60
	I_p/mA	60 ~ 420	70 ~ 450
	R_L/kΩ	11	11.6
	P_o/W	590	725
	μ	36	

最大屏极耗散功率时，屏极不变色 (CCS) 或呈暗红色 (ICAS)。

石墨屏极大型电子管，屏极耗散功率最大时（CCS）屏极呈暗红色。钍钨灯丝规格为 10V × 4.5A，放大系数为 36，是高内阻电子管。

单端的工作点在零栅压附近，E_p=1000V、I_p=100mA、R_L=10kΩ 时，输出功率可达 30W 左右。

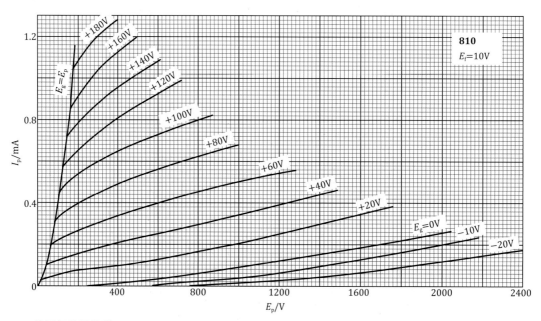

810 的屏极特性曲线

振荡、放大用风冷直热式三极管
811A

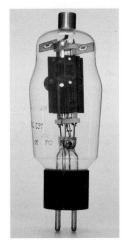

811A

管座：UX4- 大 4 脚

　　高放大系数三极管，$\mu=160$，高于 12AX7 的 $\mu=100$。其内阻较大，由屏极特性曲线图可知，$E_g=0V$ 时 I_p 几乎为 0，即只有栅压正区才能成为工作区。这在发射机中是有利的，发射机的功率放大级通常是栅地放大电路，采用这类特性的电子管就不需要负电源了。

811 的主要参数

$E_f/V \times I_f/A$		6.3×4（钍钨灯丝）	
	工作条件	CCS	ICAS
最大值	E_p/V	1250	1500
	I_p/mA	175	175
	I_g/mA	50	50
	P_p/W	45	65
典型应用	工作状态	乙类	
	E_p/V	1250	1500
	E_g/V	0	-4.5
	I_p/mA	50～260	32～313
	$R_L/k\Omega$	12.4	12.4
	P_o/W	235	340
	μ	160	—

最大屏极耗散功率时，屏极不变色（CCS）或呈潮红色（ICAS）。

　　单端，$E_p=600V$、$I_p=60mA$、$R_L=10k\Omega$ 时，输出功率为 12W。在这种情况下，E_g 为 15V 左右，I_g 约为 10mA。

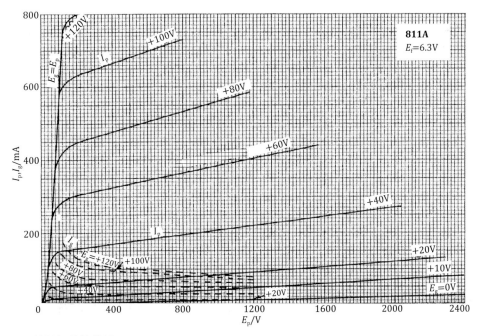

811 的屏极特性曲线

振荡、放大用风冷直热式束射四极管
813

813

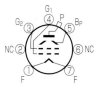

管座：Jumbo-7 脚

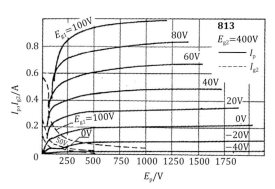

813 的屏极特性曲线（标准接法，$E_{g2} = 400V$）

石墨屏极大型电子管，钍钨灯丝规格为 $10V \times 5A$，其最大优点是低频应用时 E_{g2} 容许值高达 1100V。

配用 Jumbo-7 脚管座，普通管座不适用。

音频放大，利用 E_{g2} 高的特点，作三极管接法推挽或超线性接法较为理想，出于安全考虑，可将 E_p 降低到 900V 左右。这样，甲乙 2 类也可以获得接近 100W 的输出功率。

单端工作可以考虑标准接法、超线性接法、三极管接法，都能得到 20W 以上的输出功率。

813 的主要参数

$E_f/V \times I_f/A$		10×5（钍钨灯丝）	
	工作条件	CCS	ICAS
最大值	E_p/V	2250	2500
	E_{g2}/V	1100	1100
	I_p/mA	180	225
	I_g/mA	25	30
	P_p/W	100	125
典型应用	工作状态	乙类	
	E_p/V	2250	2500
	E_{g2}/V	750	750
	E_{g1}/V	−95	−95
	I_p/mA	50 ~ 255	50 ~ 290
	I_{g2}/mA	2 ~ 53	2 ~ 54
	$R_L/k\Omega$	20	19
	P_o/W	380	490
	g_m/mS	3.75	—
	μ	8.5（$\mu_{g1\text{-}g2}$）	—

最大屏极耗散功率时，屏极不变色（CCS，ICAS）。

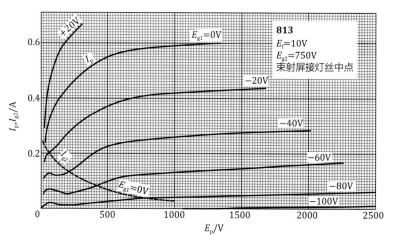

813 的屏极特性曲线（三极管接法，$E_{g2} = 750V$）

振荡、放大用风冷直热式束射四极管
814 (VT-154)

GE VT-154

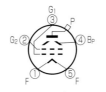

管座：UY5- 大 5 脚

814 的主要参数

$E_f/V \times I_f/A$		10×3.25（钍钨灯丝）	
	工作条件	CCS	ICAS
最大值	E_p/V	1250	1500
	E_{g2}/V	400	400
	I_p/mA	150	150
	I_{g1}/mA	15	15
	P_p/W	50	65
典型应用	工作状态	丙类	
	E_p/V	1000	1500
	E_{g2}/V	300	300
	E_{g1}/V	−70	−90
	I_p/mA	150	150
	I_{g2}/mA	17.5	24
	I_{g1}/mA	10	10
	P_o/W	100	130
	g_m/mS	3.3	—

最大屏极耗散功率时，屏极不变色（CCS）或呈暗红色（ICAS）。

发射管，灯丝规格为 $10V \times 3.25A$，与 211 一样。但是，屏极耗散功率只有 211 的一半——50W（CCS），在音频放大器中用于推挽时应降额使用。甲 2 类单端，E_p=700V、I_p=60mA、R_L=10kΩ 时，可以得到 20W 的输出功率。

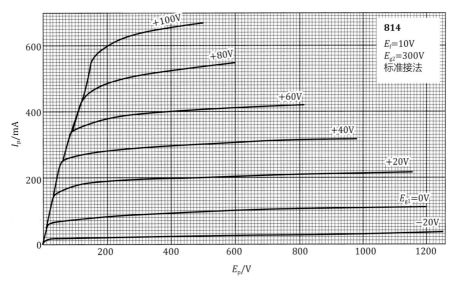

814 的屏极特性曲线

振荡、放大用风冷旁热式双束射四极管
815 (VT-287)

RCA 815/VT-287

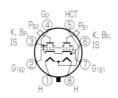

管座：US8- 大 8 脚

一个管壳内封装有两个相同的束射四极管。据说是因为 829B 的制造成本过高，815 是其廉价代替品，每个屏极分别自管顶伸出。由于两个单元共用帘栅极和阴极管脚，推挽使用更加方便。

815 的主要参数

$E_h/V \times I_h/A$		12.6×0.8（串联）6.3×1.6（并联）	
	工作条件	CCS	ICAS
最大值	E_p/V	400	500
	E_{g2}/V	225	225
	I_p/mA	150	150
	I_{g1}/mA	7	7
	P_p/W	20	25
	E_{h-k}/V	±100	±100
	工作状态	甲乙 2 类	
典型应用	E_p/V	400	500
	E_{g2}/V	125	125
	E_{g1}/V	−15	−15
	I_p/mA	20 ~ 150	22 ~ 150
	I_{g2}/mA	~ 32	~ 32
	$R_L/k\Omega$	6.2	8
	P_o/W	42	54
	g_m/mS	4	
	μ	6.5（μ_{g1-g2}）	

最大屏极耗散功率时（CCS，ICAS），屏极不变色。

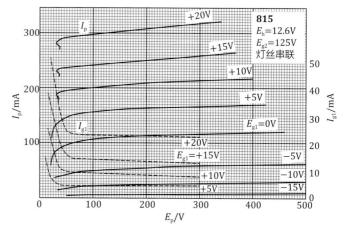

815 的屏极特性曲线（E_{g2} = 125V）

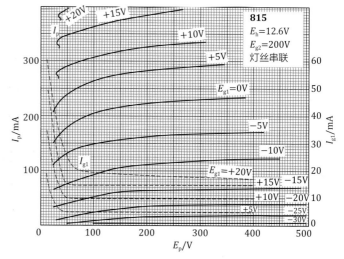

815 的屏极特性曲线（E_{g2} = 200V）

高频功率放大用直热式三极管
826

EIMAC 826

管座：S7 脚

826 的主要参数

$E_f/V \times I_f/A$		7.5×4
最大值	E_p/V	1000
	I_p/mA	65
	P_p/W	60
	μ	31
典型应用	E_p/V	1000
	E_g/V	-50
	I_p/mA	65
	I_g/mA	8.5
	P_o/W	22

采用 7.5V×4A 钍钨灯丝的高频功率放大用直热式三极管。

CCS 条件下，强制风冷时的屏极耗散功率为 60W。

最大屏极耗散功率时，钽屏极受热而呈橙红色，其说明书要求强制风冷。自然风冷时，屏极耗散功率控制在 30W 左右比较好。栅极引出了两个管脚，自然风冷时，请用粗铜线等连接两个管脚，加强散热。

灯丝电压误差 ±5%，过高或过低都会导致发射能力逐渐降低。灯丝中点已引出，请以此为基础设置偏压电阻或接地。

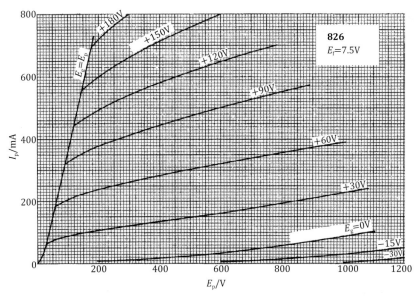

826 的屏极特性曲线

振荡、放大用旁热式双束射四极管
829B (2B29)

RCA 829B

与 807 一样，829B 是业余无线电领域常见的发射管。该管主要用于 50MHz 频段和 144MHz 频段发射机的末级推挽放大。因两单元共用阴极与 G_2 管脚，故不太适合单端。屏极从电子管顶部引出，用于发射机时，可以利用散热片等直接配线。在音频放大器中使用时，为安全起见，必须使用屏极帽，并采取一定的绝缘措施。

乙类工作时谐波失真和交越失真较大。音频应用时，最好将 E_p 降低到 400V 左右，并相应增大 I_p，使其工作在甲乙类状态。在自然风冷的情况下，屏极耗散功率为 15W/单元；在强制风冷的情况下，屏极耗散功率为 20W/单元。由于阴极是共用的，最好采取固定偏压。阻容耦合的栅漏电阻，在射频连续工作应用标准中，最大值为 15kΩ。音频应用时控制在 50kΩ 即可，以应对 I_{g1}。由于栅压正区较大，故适用于甲 2 类和甲乙 2 类。

g_m 大，高频特性好，也就存在自激振荡的风险。为此，G_1 要串接 1kΩ 左右的抑制电阻，屏极要串接防振电感。

因发热量相当大，自然风冷时建议采用下沉结构，以利散热。

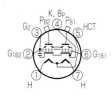

管座：S7 脚

2B29 的主要参数

$E_h/V \times I_h/A$	12.6×1.125(串联，自然风冷)	
	6.3×2.25（并联，自然风冷）	
最大值	工作条件	CCS
	E_p/V	750
	E_{g2}/V	225
	I_p/mA	250
	I_{g1}/mA	15
	P_p/W	30
	P_{g2}/W	7
	E_{h-k}/V	±100
典型应用	工作状态	甲乙 1 类
	E_p/V	600
	E_{g2}/V	200
	E_g/V	−18
	I_p/mA	40 ~ 110
	I_{g2}/mA	4 ~ 18
	$R_L/k\Omega$	13.75
	P_o/W	44
	g_m/mS	8.5

最大屏极耗散功率时（CCS），屏极不变色。

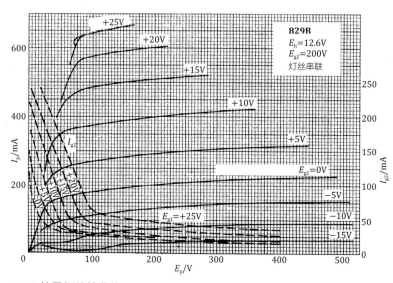

829B 的屏极特性曲线

振荡、放大用风冷直热式三极管
830B

Taylor Tubes 830

管座：UX4– 大 4 脚

石墨屏极发射管，灯丝规格为 $10V \times 2A$，配用 UX4 管座。屏极耗散功率 为 60W（CCS），$\mu=25$，内阻较高。

采用乙类推挽，$E_p=1000V$、$I_p=20 \sim 280mA$、$R_L=6k\Omega$ 时，可以获得 175W 的输出功率。但是，屏极电流变化很大，如果能将 E_p 降低到 600V 左右，

830B 的主要参数

$E_f/V \times I_f/A$		10×2（钍钨灯丝）
最大值	工作条件	CCS
	E_p/V	1000
	I_p/mA	150
	I_g/mA	30
	P_p/W	60
典型应用	工作状态	乙类
	E_p/V	1000
	E_g/V	-35
	I_p/mA	$20 \sim 280$
	$R_L/k\Omega$	7.6
	P_o/W	175
	μ	25

最大屏极耗散功率时（CCS），屏极不变色。

相应增大 I_p，将 R_L 增大到 10kΩ 左右，放大器特性会更好。

甲类单端，$E_p=700V$、$I_p=70mA$、$R_L=7k\Omega$、零栅压，输出功率接近 20W。

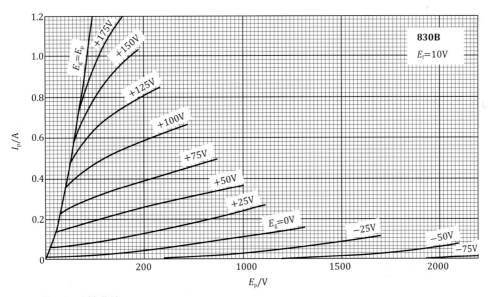

830B 的屏极特性曲线

振荡、放大用旁热式双束射四极管
832A (2B32)

RCA 832A

832A 是内部封装了两只 2E26 的发射管，外观上像小型化的 829B。屏极耗散功率 7.5W×2。由于两个单元会互相加热，故每个单元的额定值比 2E26 稍低。

在业余无线电领域，其主要用于 50MHz 频段和 144MHz 频段发射机的末级推挽放大。与 829 一样，两单元共用阴极与 G_2，故音频应用时有限制。

832 与 829 一样，屏极从电子管顶部引出，也要注意安全。

制作音频放大器时，G_2 是共用的，很适合推挽。E_p=250V、E_{g2}=150V、I_p=20mA、R_L=8kΩ 时，可获得 5W 的输出功率。这是保守使用方法，在乙类工作状态下，使用最大值可以获得更大的输出功率，最大值使用须做好散热。

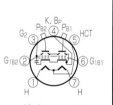

管座：S7 脚

2B32 的主要参数

		12.6×0.8（串联）	
E_h/V × I_h/A		6.3×1.6（并联）	
	工作条件	CCS	ICAS
最大值	E_p/V	750	750
	E_{g2}/V	250	250
	I_p/mA	90	115
	I_{g1}/mA	6	6
	P_p/W	15	20
	$E_{h\text{-}k}$/V	±100	±100
	工作状态	电报 丙类	
典型应用	E_p/V	750	750
	E_{g2}/V	200	200
	E_g/V	−65	−50
	I_p/mA	48	65
	I_{g2}/mA	15	22
	I_{g1}/mA	2.8	4.0
	P_o/W	26	35
	g_m/mS	3.5	—

屏极不变色。

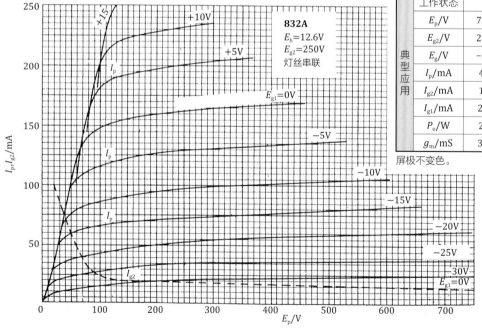

832A
E_h=12.6V
E_{g2}=250V
灯丝串联

832A 的屏极特性曲线

振荡、放大用风冷直热式三极管
838

GE GL-838

管座：UV-4 脚

RCA 手 册 对 此
管 的 定 位 是"零 栅
压 乙 类 调 幅 用 功 率
放 大"，即 栅 极 设
为 地 电 位 即 可，不
需 要 偏 压 电 路。外
形 与 211 大 致 相
同，但 从 管 内 结 构
来 看，栅 极 是 紧 密
缠 绕 的，屏 极 与 栅
极 的 距 离 比 211 大。

由 此，其 内 阻 高，放 大 系 数 也 高。石 墨 屏

838 的主要参数

$E_f/V \times I_f/A$		10 × 3.25（钍钨灯丝）
最大值	工作条件	CCS
	E_p/V	1250
	I_p/mA	175
	P_p/W	100
典型应用	工作状态	乙类
	E_p/V	1250
	E_g/V	0
	I_p/mA	148 ～ 320
	$R_L/k\Omega$	9
	P_o/W	260

最大屏极耗散功率时（CCS），屏极不变色。

极，最大屏极耗散功率时不会变色。最高
工作频率为 30MHz。

单 端，$E_p = 900V$、$I_p = 65mA$、
$R_L = 10k\Omega$ 时，最大输出功率为 24W 左右，
E_g 为 +10V 左右。

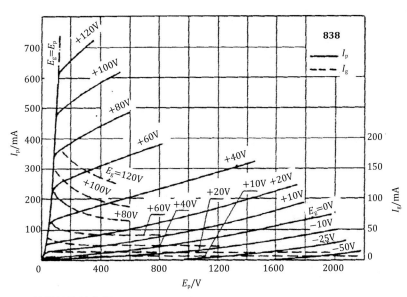

838 的屏极特性曲线

振荡、放大、调幅用风冷直热式三极管
841 (VT-51)

HYTRON VT–51

管座：UX4– 大 4 脚

841 的主要参数

$E_f/V \times I_f/A$		7.5×1.25（钍钨灯丝）
最大值	工作条件	CCS
	E_p/V	450
	I_p/mA	60
	I_g/mA	20
	P_p/W	15
典型应用	工作状态	乙类
	E_p/V	425
	E_g/V	−5
	I_p/mA	13 ～ 120
	$R_L/k\Omega$	7
	P_o/W	28

最大屏极耗散功率时（CCS），屏极不变色。

30MHz 以下振荡或发射管，外观与灯丝规格同 10Y。与 10Y 不同的是放大系数较高，内阻较高。栅极缠绕紧密，屏极与栅极的间距较大。虽然是小型管，但 I_g 最大值为 20mA。

作音频放大时，最好采用甲乙 2 类以改善特性。相应的，适当降低 E_p，将负载阻抗从 16kΩ 增大到 20kΩ 左右，并尽可能接近甲类工作状态。

甲 2 类单端，E_p=400V、I_p=30mA、R_L=14kΩ 时，可获得 4W 左右的输出功率。

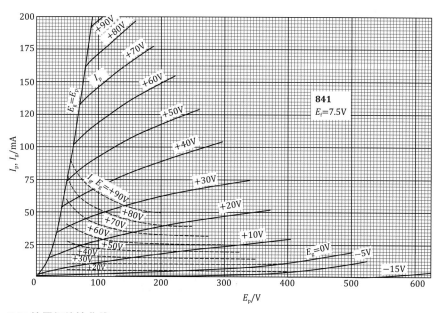

845 的屏极特性曲线

振荡、放大用风冷旁热式三极管
843

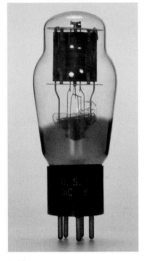

843

管座：UY5– 大 5 脚

843 的主要参数

$E_h/V \times I_h/A$		2.5×2.5
最大值	工作条件	CCS
	E_p/V	450
	I_p/mA	40
	P_p/mA	15
	E_{h-k}/V	±45
典型应用	工作状态	甲 1 类
	E_p/V	425
	E_g/V	-33
	I_p/mA	25
	g_m/mS	1.6
	$r_p/k\Omega$	4.8
	μ	7.7

最大屏极耗散功率时（CCS），屏极不变色。

瓶形旁热管。灯丝规格为 2.5V × 2.5A，但灯丝－阴极耐压仅为 45V。最大屏极电压为 450V，屏极耗散功率为 15W。

甲乙 2 类推挽，E_p=350V、I_p=20mA、R_L=10kΩ 时，可以获得约 7W 的输出功率。在这种情况下，所需的栅极偏压达到 +20V，对 I_g 的推动能力有要求。

甲 1 类单端的输出功率约为 1.6W。甲 2 类单端，E_p=400V、R_L=10kΩ，将栅极电压推动至 +20V，可获得约 3.75 W 的输出功率。

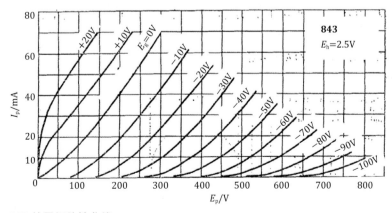

843 的屏极特性曲线

功率放大用直热式三极管
845

RCA 845

管座：UV-4 脚

845 的主要参数

$E_f/V \times I_f/A$		10×3.25（钍钨灯丝）
最大值	工作条件	CCS
	E_p/V	1250
	I_p/mA	120
	P_p/W	100
典型应用	工作状态	甲 1 类
	E_p/V	1000
	E_g/V	−155
	I_p/mA	65
	$R_L/k\Omega$	9
	P_o/W	21
	$r_p/k\Omega$	1.9

最大屏极耗散功率时（CCS），屏极不变色。

大型发射管，放大系数 5.3，内阻 1.7kΩ 左右。用于音频放大时易用、音质好，甲 1 类应用实例很多。

甲乙 1 类推挽，E_p=1000V、I_p=40～230mA（2 路）、R_L=4.6kΩ 时，可以得到 75W 的输出功率。甲 1 类单端，E_p=1000V、I_p=65mA、R_L=9kΩ 时，可以得到 21W 的输出功率。

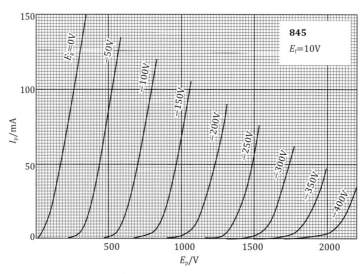

845 的屏极特性曲线

直热式三极管
AD1

Telefunken AD1

管座：8 脚侧接

侧接管座实物

AD1 的主要参数

E_f/V × I_f/A	4.0 × 0.95	
最大值		
E_p/V	250	
I_p/mA	90	
P_p/W	15	
R_g/kΩ	700（自偏压）	
	300（固定偏压）	
特性（E_p=250V，I_p=60mA）		
μ	4	
r_p/kΩ	670	
g_m/mS	6.0	
典型应用	甲类单端	甲类推挽
E_p/V	250	250
I_p/mA	60	2 × 60
R_k/Ω	750	375
R_L/kΩ	2.3	4.0
P_o/W	4.2	9.2

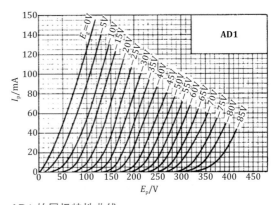

AD1 的屏极特性曲线

　　AD1 是德系、荷系代表性功率放大管之一，是英系 PX4 降低内阻的改良管型，它们的屏极耗散功率和放大系数等特性相似。

　　欧洲厂商林立，生产了各种各样的电子管。AD1 这款电子管，不但 Telefunken 公司生产，VALVO、TUNGSRAM、Philips 等公司也曾生产。外观因厂商而异，这是欧系电子管的特点。此管工艺精湛，栅极绕线与电极加工精度都很高。

　　Ed 被认为是基于 AD1 开发的商用高可靠性管，灯丝电流和屏极耗散功率分别扩大到了 1.5A 和 30W。使用 AD1 的放大器，改用 Ed 也能正常工作。反之，则会缩短电子管寿命。

　　美国的 2A3 是同一时期开发的电子管，和 AD1 的规格相似，经常被拿来比较。屏极与 AD1 薄方形屏极相似的单屏极 2A3，存在灯丝断线问题，出于效率的考虑，AD1 的技术优势很明显。在音质方面，AD1 的评价也明显更高。

　　AD1 配用标准的侧接管座，但也有配用与 PX4 等相同的 UF 管座的同等管。此外，还有旁热管 AD1n 和屏极电压最大值为 350V 的 AD1/350 等异型管，这也是欧系电子管的特色。

旁热式三极管
AD100/AD101

Telefunken AD100

Telefunken AD101

AD100
管座：广播通信用 7 脚

AD101
管座：UF5– 英 5 脚

AD100 和 AD101 的特性相同，只是管座不同。AD100 配用广播通信用 7 脚管座，AD101 配用 UF5 管座。

它们都是用于广播设备的抑制交流声型旁热管，灯丝规格为 4V × 1.6 A。由于管壁磨砂玻璃上有灰色涂层，无法看清内部。据说内部为网状屏极的四极管作三极管接法的结构。

按典型应用，E_p=250V、I_p=40mA、负载阻抗 5kΩ 时，输出功率为 1.7W。此时，屏极耗散功率为最大值的 83%，留有余量。负载阻抗降低至 3.5kΩ 可以提高输出功率，但失真也会增大。

制作单端放大器时，用 EF86 作三极管接法进行无反馈信号放大，音质分辨率高到让人想不到是旁热管产生的。总的来说，给人一种接近高频的感觉，可能是所用的输出变压器较小。

在 300V/35mA、负载电阻 3.5 kΩ 的情况下，可以获得接近 3W 的输出功率。

AD100/AD101 的主要参数

$E_h/V \times I_h/A$	4.0×1.6
E_{pmax}/V	300
E_p/V	250
E_{gmax}/V	125
E_g/V	−26.5
I_p/mA	40
P_{pmax}/W	12
$R_{gmax}/M\Omega$	1
$r_p/k\Omega$	1.4
$R_L/k\Omega$	5

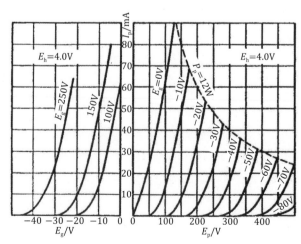

AD100/AD101 的屏极特性曲线

直热式三极管
DA100 （NT36，CV1219）

DA100/CV1219

DA100 与 845 的参数比较

	845	DA100
$E_f/V \times I_f/A$	10×3.25（钍钨灯丝）	6×2.7（氧化灯丝）
E_{pmax}/V	1250	1250
P_{pmax}/W	100	100
r_p/Ω	1700	1410
g_m/mS	3.1	3.9
μ	5.3	5.5
工作条件	E_p=1000V，I_p=90mA	E_p=1000V，I_p=100mA

管座：4 脚

DA100 的典型应用
（甲乙 1 类推挽）

E_p/V	1000	1250
E_g/V	−200	−255
I_p/mA	100	100
$R_L/k\Omega$	4	8
P_o/W	125	175
失真率 /%	4	5

英国制 DA100 是 DA60 系列的直热式三极管，屏极耗散功率增大到了 100W，是相同管座的大型管。20 世纪 30 年代初，其军规型号 NT36 问世。

DA100 曾被认为是美国 845 的英国版本，但它高 180mm，最大直径 65mm，看起来比 845 的圆柱形更硬朗。

DA100 使用四点悬挂结构氧化涂层灯丝，这与 DA60 的钍钨灯丝不同。屏极耗散功率为 100W，但 DA100 的灯丝功率为 6V×2.7A（16.2W），不到 845（10V×3.25A=32.5W）的一半，可见其灯丝发射效率之高。与 845 的石墨屏极相比，DA100 经过黑化处理的大尺寸屏极上有多个散热片。

DA100 原本是为推挽放大器设计的大功率直热式三极管，甲乙 1 类的输出功率为 90W，甲乙 2 类的最大输出功率为 300W。

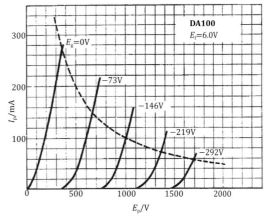

DA100 的屏极特性曲线

直热式三极管
DA30

GEC DA30

管座：UF4– 英 4 脚

DA30 的主要参数

$E_f/V \times I_f/A$	4×2
E_{pmax}/V	500
I_{pmax}/mA	60
P_{pmax}/W	30
r_p/Ω	910
g_m/mS	3.85
μ	3.5
工作条件	$E_p=500V$，$I_p=60mA$

PX25A 与 DA30 的典型应用（甲 1 类单端）比较

	PX25A	DA30
$E_f/V \times I_f/A$	4×2	4×2
E_p/V	400（最大值）	500（最大值）
E_g/V	−100	−134
R_k/Ω	1.6	2.3
I_p/mA	62.5	60
r_p/Ω	860	910
μ	3.2	3.5
g_m/mS	3.7	3.85
$R_L/k\Omega$	4.5	6
P_p/W	25（最大值）	30（最大值）

DA30 是英国制代表性音频功率放大管，其前身是直热式三极管 PX25。PX25 是受美国 1927 年推出的茄形管 RCA250（UX-250）的启发而开发的，是英国制造的名管。PX25 的灯丝规格为 4V×2A，屏极耗散功率为 25W。早期的 PX25 是茄形管，后来变成了圆顶形。PX25 有各种异型，PX25A 就是其中之一。

DA30 是 PX25A 的兼容管，也被视为 PX25 系列的天花板。DA30 的灯丝规格与 PX25 相同，为 4V×2A，但屏极耗散功率提高到了 30W。

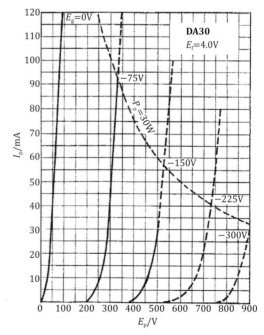

DA30 的屏极特性曲线

直热式三极管
功率放大

DA60 (CV1206)

CV1206/DA60

管座：4 脚

DA60 的典型应用
（甲 1 类单端）

E_{p0}/V	500
E_g/V	−135
R_k/Ω	1125
I_p/mA	120
r_p/Ω	835
g_m/mS	3,0
μ	2.5
R_L/kΩ	3
P_p/W	60
P_o/W	10.5

DET1 与 DA60 的参数比较

	DET1	DA60
E_f/V × I_f/A	6 × 1.9	6 × 4
E_{pmax}/V	1000	500
P_{pmax}/W	35	60
r_p/Ω	6500	835
g_m/mS	1,7	3.0
μ	11	2.5

其独特形状的管座（4 脚）与 20 世纪 20 年代中期开发的 Marconi 发射管 DET1 相同，有人根据管壳结构相似这一点，推测 DA60 源自 DET1。DET1 是一款顶排气茄形管，钍钨灯丝规格为 6V × 1.9A，最大屏极电压为 1000V，屏极耗散功率为 35W。除了用作发射管，DET1 还可用作低频放大管（音频管）。

1930 年左右出现的音频管 DA60，最大屏极电压为 500V，屏极耗散功率提高到 60W，钍钨灯丝规格为 6V × 4A——约是 DET1 的 2 倍。早期的 DA60 为顶排气茄形管，后来变成底排气，使用经黑化处理的镍屏极。晚期又改为圆顶形，在甲类单端状态下，负载阻抗 2.3kΩ 时，输出功率约为 11W。

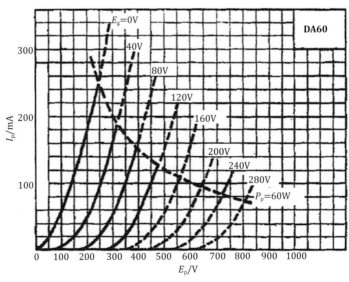

DA60 的屏极特性曲线

直热式三极管
Ed

SIEMENS Ed

管座：欧制 6 脚

Ed 的主要参数

$E_f/V \times I_f/A$		4.0×1.0
最大值	E_p/V	300
	I_k/mA	80
	P_p/W	20
典型应用	E_p/V	250
	E_g/V	−49
	I_p/mA	65
	$R_L/k\Omega$	2.5
	P_o/W	4
	g_m/mS	6
	$r_p/k\Omega$	0.65
	μ	3.9

这是欧洲开发的历史悠久的电子管。据说其原型是 AD1，但 AD1 是侧接管座，Ed 是欧制 6 脚管座。

AD1 比 Ed 的做工好，寿命更高。著名的 PX4 是其类似管，PX4 的输出功率为 15W，Ed 为 20W。

为保证长期稳定工作，Ed 的典型应用曲线呈内凹弧。要注意的是，Ed 品种稀少，价格高昂，应严格参照典型应用。另外，最好采用自偏压，避免半导体整流，最好使用整流管逐渐提高屏极电压。

灯丝电压为 4V，无论采用交流点灯还是直流点灯，都不会产生交流声。但是，直流点灯时灯丝两端会产生电位差，所以最好采用交流点灯。

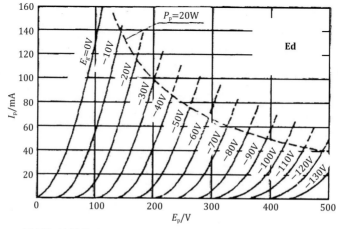

Ed 的屏极特性曲线

低频用旁热式五极管
EL12/EL12N/EL6

EL12N

EL12/EL12N
管座：Y8-8 脚

EL6 及其衍生管型的参数比较

	EL5	EL6	EL12	EL12N	EL12spez
管座	侧接	侧接	Y8	Y8	Y8 顶屏极
管别	五极管	五极管	五极管	五极管	五极管
E_h/V	6.3	6.3	6.3	6.3	6.3
I_h/A	1.3	1.2	1.2	1.2	1.2
E_{pmax}/V	250	250	250	425	425
P_p/W	18	18	18	18	18
E_{g2max}/V	275	275	250	425	425
P_{g2}/W	3	3	5	5	5
μ	—	17	18	—	—
g_m/mS	8.5	14.5	15	15	10

EL12 是欧制功率放大管，灵敏度比 6L6 等要高。EL12 是五极管，但从内部结构来看更像束射管。五极管 EL12 的音质比束射管 6L6 要好。

在 250V 屏极电压下工作时，偏压仅为 7V。虽然规模与 7591 等相当，但 EL12 的线性更好。

EL12 是在 EL6 的基础上改侧接管座为 Y8 管座而成，开发时 P_{pmax}=18W、E_{pmax}=250V，后来 E_{pmax} 逐渐增大到了 375V。EL12N 的 P_{pmax} 更是达到了 425V。

EL12N 似乎更适合推挽。由于线性好，即使作三极管接法也能得到不错的结果。

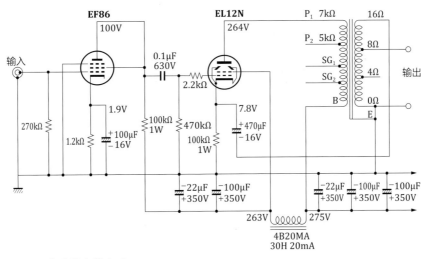

EL12N 单端放大器电路

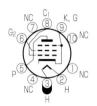

管座：专用

低频用旁热式束射四极管
EL156

功率放大

Telefunken EL156

EL156 的主要参数

$E_h/V \times I_h/A$	6.3×1.9
最大值	
E_p/V	440
E_{g2}/V	350
R_k/Ω	150
I_p/mA	100
I_{g2}/mA	16
g_m/mS	11
μ	15
$R_p/k\Omega$	20
典型应用（单端）	
E_p/V	350
E_{g2}/V	250
R_k/Ω	60
I_p/mA	120
I_{pmax}/mA	116
I_{g2}/mA	15
I_{g2max}/mA	24
$R_L/k\Omega$	4
E_{sig}/V_{rms}	6
P_o/W	15
失真率 /%	8

　　欧洲 Telefunken 商用管。最大屏极耗散功率 50W，最大屏极电压 800V。

　　从 E_p-I_p 曲线可以看出，与其他束射管相比，EL156 有着线性良好的显著优势。

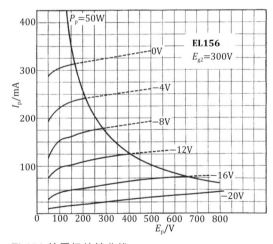

EL156 的屏极特性曲线

　　应用方面，要使用初级容许电流大于 100mA 的输出变压器，同时，还要使用 EL156 专用管座。

　　E_p=400V（E_{g2}=250V）、I_p=100mA、5kΩ 负载，单端可以获得低失真 10W 以上的输出功率。此时，自偏压在 -9V 左右，前级用一只三极管放大就够了。推挽的输出功率高达 100W 以上。

　　实际使用中，由于屏极耗散功率在 40W 以上，屏极呈淡淡的樱花色。另外，g_m=11mS，灵敏度极高，屏极配线和栅极配线要保持距离，栅极要串接防止寄生振荡的小电阻。

旁热式五极（束射四极）管
EL3/EL33 (6P25)

6P25/EL33

EL3
管座：8 脚侧接

EL33
管座：US8– 大 8 脚

6P25
管座：US8– 大 8 脚

EL3 系列的参数比较

管型	EL3	EL33	EL11	AL4	PEN45	6P25	EL41
管座	侧接	GT	Y8	侧接	英 8 脚	GT	锁 8 脚
管别	五极管	五极管	五极管	五极管	束射四极管	束射四极管	五极管
E_h/V	6.3	6.3	6.3	4	4	6.3	6.3
I_h/A	0.9	0.9	0.9	1.75	1.75	1.1	0.71
E_{pmax}/V	250	300	250	260	250	250	300
P_p/W	9	9	9	9	9	10	9
E_{g2max}/V	275	300	275	275	250	250	300
P_{g2}/W	2.5	2.5	2.5	1.5	1.2	2.5	2
μ	23	23	25	—	—	17.5	22
g_m/mS	9	9	9	9	9	9	10

EL3 是 将 AL4 的灯丝电压提升到 6.3V 的欧制功率放大五极管，配用侧接管座。管座改为大 8 脚后便是 EL33。

与规模相当的 6V6 相比，EL3 的线性明显改良。

6P25/EL33 是容易混淆的型号，EL33

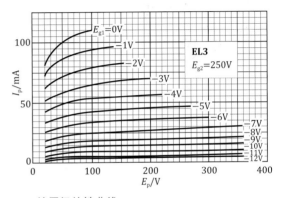

EL3 的屏极特性曲线

是五极管，6P25/EL33 是束射管，声音自然也不一样。

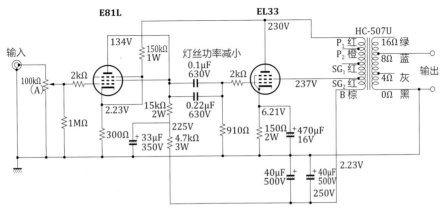

EL33 单端放大器电路

高跨导旁热式五极管
EL34 (6CA7)

Telefunken EL34

Electro–Harmonix EL34（粗管）

入手容易、广受好评的功率放大管

　　EL34（6CA7）除了 Hi-Fi 爱好者，也广为吉他爱好者所知。采用 EL34 作功率放大管的厂商很多，日本 LUXKIT A3500 就很有名。美国 Marantz 发售的功率放大器无一例外，都使用了 EL34。

　　EL34 是常见功率五极管中屏极耗散功率最大的，达 25W。最高屏极电压为 800V，乙类推挽工作可获得高达 100W 的输出功率。

　　通常，五极管的 G_3 在管内与阴极相连，而 EL34 的 G_3 是单独引出的（1 脚），主要还是因为 EL34 原设计是发射机的功率放大管，G_3 单独引出作抑制栅调制用，作音频放大时 G_3 接 K。有趣的是，笔者手里的美国产 6CA7（GE）的内部为束射管结构。

　　EL34 的跨导较高，很容易推动，故存在容易自激的问题。因此，必须采取防止振

荡的措施，如在栅极串入电阻、在屏极串入电感。

　　标准接法单端工作，可以获得约 11W 的最大输出功率；三极管接法时，也可获得约 6W 的输出功率，这对新手而言特别值得推荐。

　　与三极管相比，五极管内阻较大，其阻尼系数低于 1（实际在 0.1 ~ 0.2），失真成分主要是奇次谐波，需引入负反馈提高

6CA7 的主要参数

$E_h/V \times I_h/A$	6.3 × 1.5			
最大值				
E_p/V	800			
E_{g2}/V	425			
P_p/W	25（有信号时 27.5）			
P_{g2}/W	8			
I_k/mA	150			
$R_g/k\Omega$	700（甲 1 类，甲乙 1 类）			
	500（乙类）			
E_{h-k}/V	100			
典型应用	甲 1 类单端		甲乙 1 类推挽	
E_p/V	250	250	350	
G_2 串联电阻 /kΩ	2	0	470（共用）	
$R_k/M\Omega$	—	—	130	
E_{g3}/V	0	0	—	0
E_{g14}/V	−14.5	−13.5	—	—
I_p/mA	70	100	150（2 管）	190（2 管）
I_{g2}/mA	10	14.9	23	45
$r_p/m\Omega$	20	17	—	—
g_m/mS	11	12.5	—	—
μ	11	11	—	—
$R_L/k\Omega$	3	2	—	3.4
E_{sig}/V_{rms}	9.3	8.7	0	21
P_o/W	8	11	0	35
K（总谐波失真率）/%	10	10	—	5

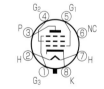

管座：US8- 大 8 脚

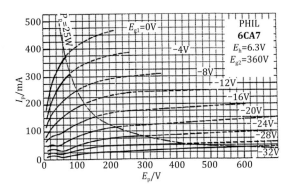

Philips EL34 的屏极特性曲线
（标准接法，$E_{g2} = 360V$）

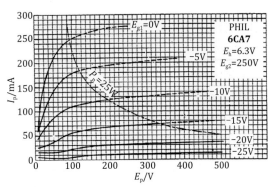

Philips EL34 的屏极特性曲线
（标准接法，$E_{g2} = 500V$）

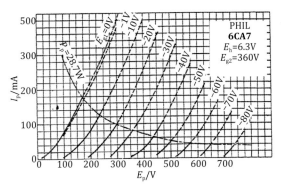

Philips EL34 的屏极特性曲线（三极管接法）

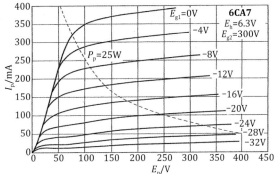

Electro-Harmonix EL34 的屏极特性曲线
（标准接法，$E_{g2} = 300V$）

阻尼系数，同时降低谐波失真。曾经有过一段时间，各厂商纷纷提高负反馈量，以至于有负反馈量提高到 20dB 的情况，这样反而会降低音质，使声音变平而失去张力。

创造了一个时代的名管

　　EL34 为大 8 脚功率放大管，原产于欧洲，在美国注册的型号为 6CA7。外观方面五花八门，原产型号细长，GE 产 6CA7 则较粗。电极结构也有很多种，虽为五极管，但看上去与束射四极管无异，调整偏压即可实现代换。俄制 Electro-Harmonix (EH)

EL34 为粗管，在品质方面出类拔萃。其制作精良，从笔者的经验来看，其具有很好的线性和很高的可靠性。一般来说，欧洲产功率放大管对超额比较敏感，最大屏极耗散功率应尽量控制在额定值以内。

功率放大

旁热式束射四极管
F2a/F2a11

SIEMENS F2a

SIEMENS F2a11

管座：POST 9 脚

管座：Y8 脚

F2a 是德国西门子开发的商用功率放大束射四极管。单端，E_p=250V 时，输出功率 10W；推挽，E_p=425V 时，输出功率 40W。单端工作时栅极偏压很小，只

有 −4.6V，灵敏度非常高。

西门子随后推出了相同规格的 F2a11。F2a 配用独特的 9 脚管座，而 F2a11 配用 8 脚管座（Y8，与 EL156 相同），两者不能互换。F2a11 和 F2a 的电极是相同的。

根据 F2a、F2a11 数据表给出的三极管接法的输出特性，单端，E_p=330V、R_L=1.5kΩ、I_p=90mA 时的输出功率为 5.5W；推挽，E_p=425V、R_L=5kΩ、I_p=2×65mA 时的输出功率为 20W。

三点支撑的电极非常牢固，阴极非常粗，屏极上装有散热片，并进行了黑化。屏极不是箱形的，而是分成两片。栅极上安装了大散热板。带孔屏极看起来像束射电极。P_p=30W，g_m=21.5，灵敏度超过 6G-B8，三极管接法输出特性的线性很好。可能是灯丝功率大的原因，增大屏极耗散功率的同时，要相应减小栅漏电阻。

F2a 的主要参数

E_h/V × I_h/A	6.3 × (2.0 ± 0.15)	
最大值		
E_p/V	600	
E_{g2}/V	600	
P_p/W	30	
P_{g2}/W	5	
I_k/mA	140	
R_g/kΩ	0.5（P_p<20W），0.3（P_p<30W）	
E_{h-k}/V	120	
特性（E_p=250V，E_{g2}=250V，I_p=95mA）		
μ	17.5	
r_p/kΩ	23	
g_m/mS	18	
典型应用	标准接法（甲类单端）	甲乙类推挽
E_p/V	250	425
I_p/mA	95	2×77
E_{g2}/V	250	425
I_{g2}/mA	20	2×15
E_2/V	−4.6	−16
R_L/kΩ	2.2	6
P_o/W	10	40

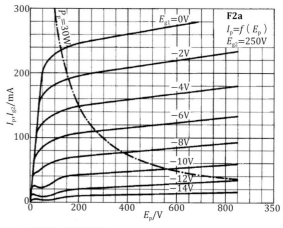

F2a 的屏极特性曲线

KT66
旁热式束射四极管

GEC KT66

英国 GEC 受 6L6 的启发而开发的束射四极管，声音广受好评。KT66 是最古老的瓶形管，分毛玻璃圆顶形和透明玻璃圆顶形两种，管座也有棕色和黑色之分，外观多种多样。

标准接法推挽，E_p=415V 时，可以获得 30W 的输出功率，与 6L6GC 相当。三极管接法，E_p 可以提高到 400V，单端 E_p=400V 时可以获得 5.8W 的输出功率；推挽 E_p=400V 时可以获得 14.5W 的输出功率，接近 300B。

KT66 三极管接法的输出特性曲线可以媲美纯三极管，这似乎也是 KT66 三极管接法能呈现好声音的原因。I_f=1.27A，比 6L6GC 的 0.9A 大，E_{g2max} 大 是 KT66 的优势。

KT66 的成名之作是 QUARD II 放大器，备受欢迎，至今仍有很多品牌在售，包括 TUNG-SOL（俄罗斯）、SVETLANA（俄罗斯）、Electro-Harmonix（俄罗斯）、JJ Electronic（斯洛伐克）等。

管座：US8- 大 8 脚

KT66 的典型应用

典型应用	标准接法			三极管接法	
	甲类单端	甲乙 1 类推挽	超线性接法	甲类单端	甲乙 1 类推挽
E_p/V	250	415	425	400	400
E_{g2}/V	250	300	425	—	—
R_k/kΩ	160	2×500	2×560	600	2×615
I_p/mA	85	2×52	2×62.5	63	2×62
I_{g2}/mA	6.3	2×2.5	—	—	—
R_L/kΩ	2.2	8	7	4.5	4.0
P_o/W	7.25 (K=9%)	30 (K=6%)	32 (K=2%)	5.8 (K=7%)	14.5 (K=3.5%)

KT66 的主要参数

E_h/V × I_h/A	6.3×1.3	
最大值		
E_p/V	500	
E_g/V	500	
I_k/mA	200	
P_p/W	25（超线性接法及三极管接法 27）	
P_{g2}/W	3.5	
E_{h-k}/V	150	
特性	标准接法	三极管接法
E_p/V	250	250
E_{g2}/V	250	—
E_{g1}/V	−15	−15
g_m/mS	7	7.3
r_p/kΩ	22.5	1.3

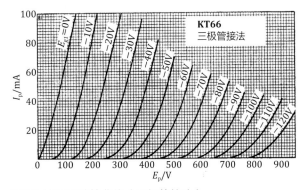

KT66 的屏极特性曲线（三极管接法）

KT88
旁热式束射四极管

管座：US8– 大 8 脚

GEC KT88

KT88 的主要参数

$E_h/V \times I_h/A$	6.3×1.6	
最大值		
E_p/V	800	
E_{g2}/V	600	
I_k/mA	200	
P_2/W	35	
P_{g2}/W	6	
E_{h-k}/V	200	
特性	标准接法	三极管接法
E_p/V	250	250
E_{g2}/V	250	—
I_p/mA	140	143
I_{g2}/mA	3	—
E_{g1}/V	−15	−15
g_m/mS	11.5	12
μ	8	8
$r_p/k\Omega$	12	0.67

代表性功率放大器的电路常数

典型应用（推挽）	标准接法			三极管接法
	甲乙1类（自偏）	甲乙1类（固定偏压）	超线性接法	甲乙1类
E_p/V	521	552	436	422
E_2/V	300	300	436	—
$R_k/k\Omega$	2×460	$E_{g1}=-34V$	2×600	2×525
I_p/mA	2×64	2×60	2×87	2×76
I_{g2}/mA	2×1.7	2×1.7	—	—
$R_L/k\Omega$	9	4.5	4.8	4.0
P_o/W	50 ($K=3\%$)	100 ($K=2.5\%$)	50 ($K=1.5\%$)	31 ($K=1.5\%$)

英国 GEC 开发的束射四极管，甲类单端放大可获得的最大输出功率为 20W，甲乙 1 类推挽放大可获得 67W 的输出功率，甲乙 2 类推挽放大可获得 100W 的输出功率，是一款大型功率放大管。

说起 KT88，人们马上就会想到 Mcintosh 的 MC275 和 Dynaco 的 MARK Ⅲ，是非常流行的电子管。

GEC 和 Gold Lion 生产的 KT88 现在很难买到了，可以选择 SVETLANA（俄罗斯）、Electro-Harmonix（俄罗斯）、TUNG-SOL（俄罗斯）、JJ Electronic（斯洛伐克）和中国制品。

类似的功率放大管有 RCA 6550，但其 E_{g2max} 只有 400V，作三极管接法或超线性接法时，最大输出功率受限。对 KT88 和 6550 而言，作标准接法时，如何处理屏极电压是电路设计的关键。

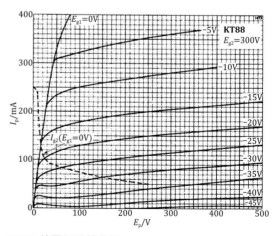

KT88 的屏极特性曲线

旁热式束射四极管
KT120

TUNG–SOL KT120

管座：US8– 大 8 脚

KT120（$P_p=$ 60W）一般视为 KT88（$P_p=35$W）的大功率版本，由 TUNG-SOL（俄）制造，特性相似。类似的还有 Ei（南斯拉夫）

和 Electro-Harmonix（俄罗斯）推出的 KT90，曙光（中国）推出的 KT100 等。

　　KT120 推挽放大性能较好。单端放大时，标准接法输出特性的线性不是太好，

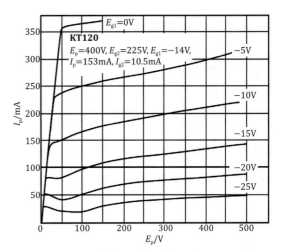

KT120 的屏极特性曲线（标准接法）

建议采用三极管接法。超线性接法，适当增加大环路负反馈系数，也可以制作出特性良好的单端放大器。

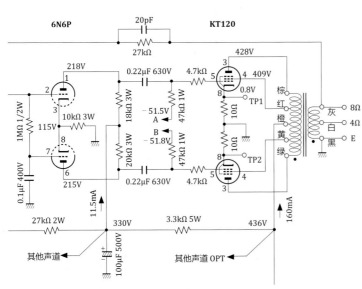

KT120 超线性接法推挽电路

KT120 的主要参数

$E_h/V \times I_h/A$	$(6.3 \pm 0.6) \times (1.70 \sim 1.95)$		
最大值			
E_p/V	850		
E_{g2}/V	650		
P_p/W	60		
P_{g2}/W	8.0		
I_k/mA	250（三极管接法时 230）		
$R_g/k\Omega$	51（固定偏压）240（自偏压）		
E_{h-k}/V	+300，-200		
典型应用（甲类单端）	标准接法	三极管接法	
μ	—	7.3	
$r_p/k\Omega$	1 ~ 12.5	0.83	
g_m/mS	12.6	8.8	
E_p/V	400	320	
I_p/mA	135 ~ 165	100	
E_{g2}/V	225	—	
I_{g2}/mA	14	—	
E_{g1}/V	-14	-30	
$R_L/k\Omega$	3.0	—	
P_o/W	20	—	

旁热式束射四极管
KT150

管座：US8- 大 8 脚

TUNG–SOL KT150

KT150 的主要参数

$E_h/V \times I_h/A$	6.3 × (1.75 ~ 2.0)	
最大值		
E_p/V	850	
E_{g2}/V	650	
P_p/W	70	
P_{g2}/W	9.0	
I_k/mA	150	
E_{h-k}/V	± 300	
典型应用（甲类单端）	标准接法	三极管接法
μ	—	6.3
$r_p/k\Omega$	10 ~ 12.5	0.7
g_m/mS	12.6	9
E_p/V	400	440
I_p/mA	150 ~ 180	120
E_{g2}/V	225	—
I_{g2}/mA	15	—
E_{g1}/V	−14	−42
$R_2/k\Omega$	3.0	2.5
P_o/W	20	16

　　KT150（P_p=70W） 比 KT88（35W）的功率更大，特性相同。其形状奇特，像细长的橄榄球。

　　KT150 标准接法输出特性的线性不是太好，作单端放大时需要大量负反馈。看来，标准接法推挽似乎是 KT150 的最好归宿。

　　KT150 三极管接法单端放大器的输出功率，是 300B 单端放大器的 2 倍，高达16W。三极管接法单端放大器的工作条件为 E_p=440V、I_k=120mA、E_{g1}=−44V。

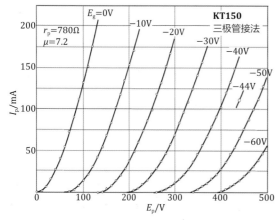

KT150 的屏极特性曲线（三极管接法）

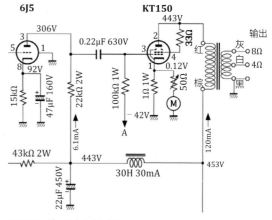

KT150 单端放大器电路

直热式三极管
PX25 (VR40)

功率放大

OSRAM PX25

管座：UF4– 英 4 脚

PX25 的主要参数

	PX25（圆顶管 / 茄形管）	PX25A
$E_f/V \times I_f/A$	4×2	4×2
最大值		
E_p/V	500/400	400
I_p/mA	62.5	62.5
P_p/W	30/25	25
特性	$E_p=400V$，$E_g=0V$	$E_p=400V$，$I_p=62.5mA$
μ	9.5	3.2
$r_p/k\Omega$	1263	860
g_m/mS	7.5	3.7
典型应用	甲类单端 / 甲类推挽	甲类单端
E_p/V	400 / 400	400
I_p/mA	62.5 / 125	62.5
R_k/Ω	550 / 600/ 管	1600
$R_L/k\Omega$	3.2 / 5	4.5
P_o/W	6 / 15.5	8

M.O.VALVE（英国）推出的大功率三极管。OSRAM、MARCONI 和 GEC 都是 M.O.VALVE 的子品牌，生产也都由 M.O.VALVE 完成。当时为茄形管，屏极耗散功率与 250 一样为 25W，但性能和易用性远超 250。PX25 供应海军的型号为 NR47，供应空军的型号为 VR40。

配用管座为底部缩口的 M.O.VALVE 特有产品。同等品有 DET5（Marconi）和 PP5/400（MAZDA）。

1940 年左右出现的新型 PX25，P_p 增大到 30W，E_{pmax} 达 500V，外观变成 M.O.VALVE 独特的圆顶形。

结构上采用上下云母板支撑各电极，防振性能提高（茄形管使用玻璃珠支撑电极）。

PX25 改良为商用的 PX25A 后，放大系数降低到 3.2，内阻降低到了 860Ω，推

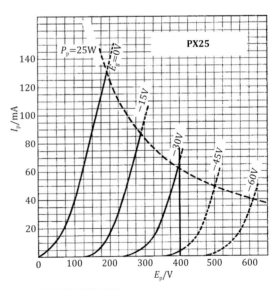

PX25 的屏极特性曲线

挽可以获得高达 30W 的输出功率。

与竞品 WE 300B 比较，偏压较深（-100V），设计放大器时要注意。DA30 与 PX25A 是同等管。

功率放大

直热式三极管
PX4

GEC PX4（新式）

管座：UF4– 英 4 脚

PX4 的主要参数

$E_f/V \times I_f/A$	4.0×1.0	
最大值		
E_p/V	300	
I_p/mA	50	
P_p/W	15（茄形管 12W）	
特性（E_p=100V，E_g=0V）		
μ	5	
$r_p/k\Omega$	830	
g_m/mS	6	
典型应用	甲类单端	甲类推挽
E_p/V	300	300
I_p/mA	50	45 ~ 50/ 管
R_k/Ω	850	900 ~ 1000/ 管
$R_L/k\Omega$	4.0	7
P_o/W	3.5	8 ~ 9

　　PX4 是与美制 245 同时期开发的，但其规格与 2A3 相当，拥有 "欧洲电子管之声" 的细腻，评价较高。

　　随着时间的推移，PX4 从旧式茄形管到新式瓶形管，再到圆顶管，外形和结构发生了很多变化。作并联或推挽时，必须采用自偏压，各管分别设置偏压电阻和防振电阻。

　　PX4 系 列 有 PX4、XP4、PP3/250、LP4、ACO44 等。屏极最高电压，ACO44 为 300V， 旧 式 PP3/250 为 250V， 新 式 PP3/250 为 300V。类似管有 4XP、E406N、U4H。

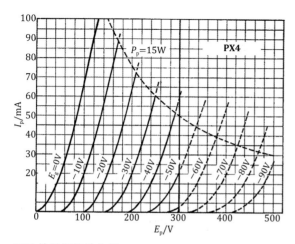

PX4 的屏极特性曲线

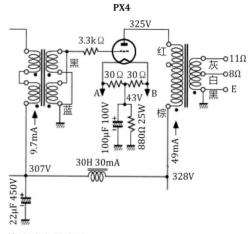

单端放大器电路

旁热式三极管
R120

RT R120

管座：US8– 大 8 脚

R120 的主要参数

$E_h/V \times I_h/A$	6.3 × 1.5	
最大值		
E_p/V	300	
I_p/mA	90	
P_p/W	15	
$R_g/k\Omega$	700 以下	
E_{h-k}/V	50	
特性（E_p=250V，E_g=-3.6V）		
μ	5.4	
$r_p/k\Omega$	840	
g_m/mS	6.4	
典型应用	甲类单端	甲类推挽
E_p/V	250	250
I_p/mA	60	2 × 60
R_k/Ω	600	300
$R_L/k\Omega$	2.5	5
P_o/W	3.5	5.0

法制旁热式三极管，特性类似于 2A3（6B4G），内部为四极管作三极管接法的结构。与圆润的 2A3 相比，其外形更苗条，管内壁喷涂了炭黑。

与 2A3 相比，放大系数和屏极内阻稍大，但可同等对待。

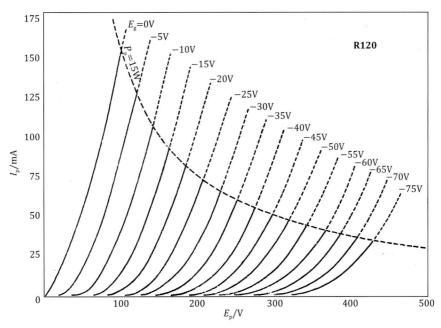

R120 的屏极特性曲线

振荡、功率放大用直热式三极管
VT-25 (10Y)

SYLVANIA VT–25

管座：UX4– 大 4

VT–25 的主要参数

$E_f/V \times I_f/A$		7.5 × 1.25（钍钨灯丝）
最大值	工作条件	CCS
	E_p/V	450
	E_g/V	−200
	I_p/mA	60
	I_g/mA	15
	P_p/W	15
典型应用	工作状态	甲 1 类单端
	E_p/V	425
	E_g/V	−40
	I_p/mA	18
	$R_L/k\Omega$	10.2
	P_o/W	1.6
	g_m/mS	1.6
	$r_p/k\Omega$	5
	μ	8

这款电子管历史悠久，原型是UX-202，演变过程为UX-202 → UX-210 → 10 → VT-25（10Y）→ VT-62。

VT-25（10Y）使用钍钨灯丝，VT-25A使用氧化灯丝，不同年代生产的产品的最大值略有不同。

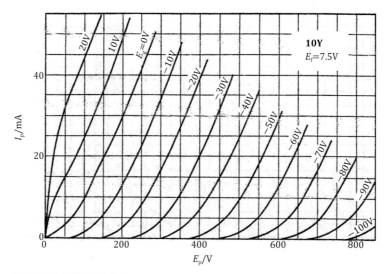

VT-25 的屏极特性曲线

低频功率放大用直热式三极管
VT-52/45 (6Z-P1)

WE VT–52

管座：UX4– 大 4 脚

这款电子管只有军规型号（VT），没有商品型号。一般视为 45 加强版，应用参照 45 即可。

此管设计应用于车载无线电台，为了适应电源电压波动，裕量较大。灯丝功率为 6.3V × 1A（6.3W），是 45 的 2.5V × 1.5A（3.75W）的 1.68 倍。另外，其屏极尺寸

VT–52 的主要参数

$E_f/V \times I_f/A$	6.3×1
典型应用	甲 1 类单端
E_p/V	220
E_g/V	−43.5
I_p/mA	29
g_m/mS	2.3
μ	3.8
$r_p/k\Omega$	1.65
$R_L/k\Omega$	3.8
P_o/W	1

也是 45 的 1.5 倍左右。不过，这是一款贵重的电子管，一般要降额作 45 使用。

屏极电压 275V、屏极电流 36mA、负载阻抗 4.6kΩ 时，可以获得 2W 的输出功率。

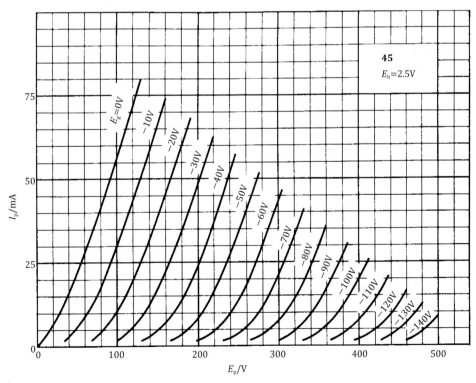

45 的屏极特性曲线

电压放大

三极管
五极管
四极管
复合管

12AT7（ECC81）/6201
12AU7（ECC82）/5814
12AX7（ECC83）/7025
12AY7/6072
12BH7A
12BY7A
310A/348A
396A（2C51）
3A5
404A（5847）
418A
437A/3A/167M（CV5112）
5687
6111/6H16Б
6112
6350（6463）
6AK5（EF95）/403A/5654
6AN8
6AQ8（ECC85）
6AU6（EF94）
6AV6
6BA6
6BD6
6BX6（EF80）/EF800/EF860
6BL8（ECF80）
6C4/6135
6C5（VT-65）
6C6/57/6J7
6CS7

6DE7
6DJ8（ECC88）
6EJ7（EF184）
6FQ7/6CG7
6J5GT
6J7/1620
6H1П
6H6П
6SJ7/5693
6SL7/5691
6SN7/5692
6SQ7
6U8（ECF82）
6Z-DH3A
717A
7199
76/56
77（VT-77）
C3g
ECC32（CV181）
ECC33
ECC34
ECC35（CV569）
ECC99
EF37A
EF86（6267）/EF804S
ML4/ML6（VT-105）/MH4
　（VR37）/MHL4

中放大系数旁热式双三极管
12AT7 （ECC81）/6201

RCA 12AT7

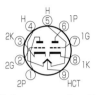

管座：MT7- 小 7 脚

12AT7 的主要参数

$E_h/V \times I_h/A$	12.6 × 0.15（串联）		
	6.3 × 0.3（并联）		
最大值	E_p/V	300	
	P_p/W	2.5	
	I_k/mA	15	
	$R_g/M\Omega$	1.0	
	E_{h-k}/V	± 90	
典型应用	μ	60	60
	$r_p/k\Omega$	15	11
	g_m/mS	4	5.5
	E_p/V	100	250
	I_p/mA	3.7	10
	E_g/V	270	200

中放大系数（μ=60）小 9 脚管。欧洲型号为 ECC81，灯丝电压可以选接 12.6V 或 6.3V，主要用于 300MHz 高频放大和混频。12AT7WA 是提高了防振性能的军规型。

它原本是高频电子管，设计上并未重视线性，这一点可以从输出特性曲线的间隔逐渐变窄得到印证。然而，其具有相当大的放大系数，且屏极内阻 – 放大系数比较小（r_p=10 ~ 15kΩ），与功率放大管结合使用，可以很好地消除二次失真，简直是音频应用的天选之管。高可靠性型号为 6201，防振和抗冲击性能都得到了提升，是为开关电路而开发的。

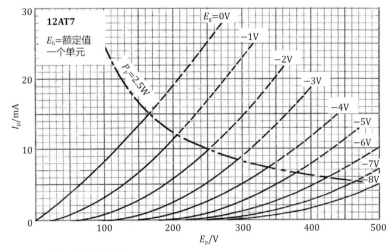

12AT7 的屏极特性曲线

低放大系数旁热式双三极管
12AU7（ECC82）/5814

电压放大

RCA 12AU7

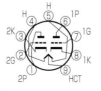

管座：MT9– 小 9 脚

12AU7 的主要参数

$E_h/V \times I_h/A$	12.6 × 0.15（串联）	
	6.3 × 0.3（并联）	
最大值	E_p/V	300	
	P_p/W	2.75	
	I_k/mA	20	
	$R_g/M\Omega$	1.0（自偏压）	
		0.25（固定偏压）	
	E_{h-k}/V	±200	
典型应用	μ	20	17
	$r_p/k\Omega$	6.5	7.7
	g_m/mS	3.1	2.2
	E_p/V	100	250
	I_p/mA	11.8	10.5
	E_g/V	0	-8.5

112AU7 一般视为 6SN7GT 的小型化产品，此管常与 12AX7 一起用于音频电路。其跨导大，故有效电压利用率较高，适合较高电平的电压放大，常见于音频电路中的倒相电路和推动级。

对于阻容耦合电压放大电路应用，负载电阻 R_p、阴极电阻 R_k 和下一级栅极电阻 R_s 的值不需要太精确，只要相差不是太大，使用上都不会有问题。

12AU7A 是 耐 振 动 噪 声 的 电 子 管。5814 具有与其相同的电气特性，符合 MIL 标准。ECC82 的高可靠性型号是 ECC802。

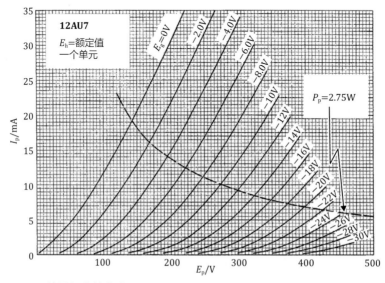

12AU7 的屏极特性曲线

112

高放大系数旁热式双三极管
12AX7 （ECC83）/7025

RCA 12AX7

管座：MT9– 小 9 脚

12AX7 的主要参数

$E_h/V \times I_h/A$	12.6×0.15（串联）	
	6.3×0.3（并联）	
最大值		
E_p/V	300	
P_p/W	1.0	
E_{h-k}/V	±180	
典型应用（甲类电压放大）		
μ	100	100
$r_p/k\Omega$	80	62.5
g_m/mS	1.25	1.6
E_p/V	100	250
I_p/mA	0.5	1.2
E_g/V	−1	−2

高放大系数（μ=100）小 9 脚管，特别适合需要高增益的放大电路。此管从前置放大器到功率放大器的推动级都有应用，须特别注意交流声和噪声。交流点灯时，可以将灯丝电源的中点或灯丝平衡器的中点接地，或加灯丝偏压，以降低交流声电压。

特别是用作小信号放大管时，采用直流点灯，放入屏蔽壳中可以有效降低噪声。

12AX7A、7025 和 7025A 是 12AX7 的低噪声型号，闪烁噪声和振动噪声都很低。6681 和 5751 是提升了防振性能的管型。5751 可以代换 12AX7，但 μ=70，特性有所不同。高可靠性型号为 ECC803S，寿命达 10000h。

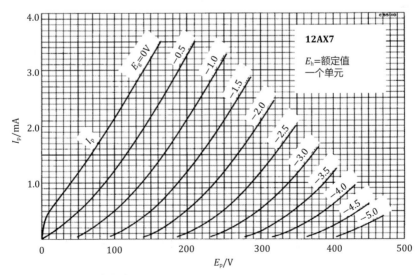

12AX7 的屏极特性曲线

中放大系数旁热式双三极管
12AY7/6072

12AY7

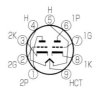

管座：MT9– 小 9 脚

12AY7 的主要参数

$E_h/V \times I_h/A$	12.6×0.15（串联）
	6.3×0.3（并联）
最大值	
E_p/V	300
P_p/W	1.5
E_{h-k}/V	±90
典型应用（甲类电压放大）	
μ	44
$r_p/k\Omega$	25
g_m/mS	1.75
E_p/V	250
I_p/mA	3
E_g/V	−4

特性介于 12AU7 和 12AX7 之间的电子管，接近 12AT7，没有对应的欧洲型号。$\mu=44$、$r_p=25k\Omega$，设计用途为音频放大，具有低噪声、低振动噪声的特点。

12AY7 在 1950 年 前 后 曾 被 用 于 Fender 和 Gibson 的吉他放大器，现在可以买到 Electro-Harmonix 等品牌的产品。不可思议的是，这款电子管很少在制作实例中被提及。

6072 是 12AY7 的高可靠性型号，不过现产品上大多印有双型号"12AY7/6072"。

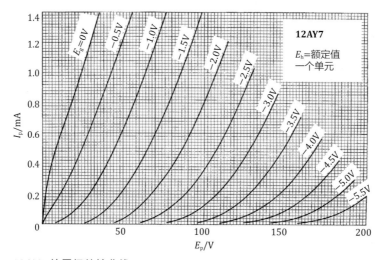

12AY7 的屏极特性曲线

偏转输出用旁热式双三极管
12BH7A

NEC 12BH7A

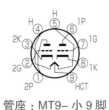

管座：MT9– 小 9 脚

电视机的水平偏转振荡、放大和垂直偏转输出用小 9 脚管。

放大系数几乎与 12AU7 相同，和其他电压放大用双三极管相比，屏极耗散功率更大。要注意，推动垂直偏转线圈的三极管，输出特性是非线性的。对于音频放大，建议采用推挽电路消除非线性失真。此管栅极偏压较深，放大系数较小，因此不适用于信号放大级。

灯丝预热时间为 11s，类似管有 6CG7 和 6FQ7，但它们的线性很好，这一点与 12BH7A 不同。

12BH7A 的主要参数

$E_h/V \times I_h/A$	12.6×0.3（串联）	
	6.3×0.6（并联）	
最大值	E_p/V	300
	P_p/W	3.5
	I_k/mA	20
	$R_g/M\Omega$	0.25（固定偏压），1.0（自偏压）
	E_{h-k}/V	−200，+100
典型应用	μ	16.5
	$r_p/k\Omega$	5.3
	g_m/mS	3.1
	E_p/V	250
	I_p/mA	11.5
	E_g/V	−10.5

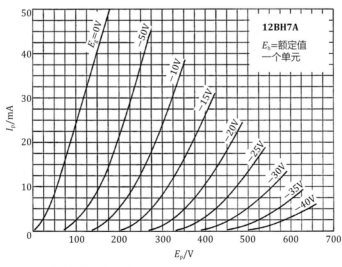

12BH7A 的屏极特性曲线

视频信号用旁热式五极管
12BY7A

松下 12BY7A   东芝 12BY7A

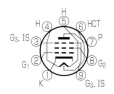

管座：MT9– 小 9 脚

黑白电视机常用的高跨导视频信号放大管，它将 4.5MHz 左右的视频信号线性放大到约 100V$_\text{p-p}$，驱动显像管。

其本质上是电压放大管，但由于工作在低负载阻抗下，容许屏极耗散功率、跨导和屏极电流都很大，非常适合推动需要高输入电压的深偏压功率放大管 (300B)。它具有非常好的高频特性，使得负反馈时的相位补偿等变得容易。由于其跨导高，栅极需串接小电阻，防止寄生振荡。

此管用作功率放大管也不错，E_p=250V、I_p=25mA、g_m=7kΩ 时，可以得到 3W 左右的输出功率。

12BY7A 的主要参数

$E_\text{h}/V \times I_\text{h}/A$	6.3×0.6（并联）
	12.6×0.3（串联）
最大值	
E_p/V	330
P_p/W	6.5
E_g2/V	190
P_g2/W	1.2
E_g1/V	0（正偏压） 50（负偏压）
$R_\text{g1}/kΩ$	250（固定偏压） 1000（自偏压）
$E_\text{h-k}/V$	200（阴极正，直流） 200（阴极正，直流＋峰值） 100（阴极负，直流） 200（阴极负，直流＋峰值）
典型应用（甲 1 类）	
E_p/V	250
E_g2/V	250
$R_\text{k}/Ω$	100
I_p/mA	26
I_g2/mA	5.75
$g_\text{m}/μS$	11000
$r_\text{p}/kΩ$	93
E_g1/V	−11.6（I_p = 20μA）
$μ$	28.5

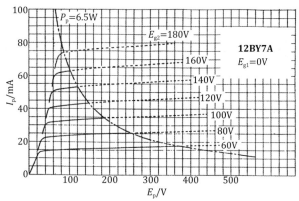

12BY7A 的屏极特性曲线

旁热式五极管
310A/348A

WE 310A

310A
管座：UZ6– 大 6 脚

348A
管座：US8– 大 8 脚

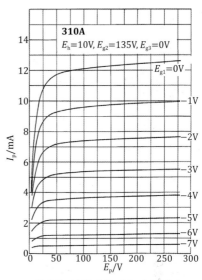

310A 的屏极特性曲线（标准接法）

　　WE 310A 一般视为 6C6 的改良品，于 1937 年发售，是一款通用五极管。广泛应用在有声电影音频放大器和电话增音机等设备中。西电 WE 91A/B 型单端放大器即使用此管做电压放大。WE 310A 的外观特征是顶栅结构，内部电极用屏蔽罩遮蔽，外观按生产年代略有不同。WE 310B 为低噪声型号，特性略有区别，但可直接代换。348A 的灯丝规格由 10V × 0.32A 改为 6.3V × 0.5A，管座由 UZ6 型改为大 8 脚型，顶部栅极接线柱直径也由 0.36in（9.13mm）减小到 0.25in（6.35mm）。应用时应注意，因通用五极管跨导（放大系数）较高，顶栅结构易引入感应噪声。

310A 的主要参数

$E_h/V \times I_h/A$	10×0.32
最大值	
E_p/V	250
E_{g2}/V	180
I_k/mA	10
I_{g2}/V	2.5
典型应用（甲类电压放大）	
μ	115
$r_p/k\Omega$	100
g_m/mS	1.9
E_p/V	180
E_{g2}/V	135
I_p/mA	5.4
E_{g1}/V	-3

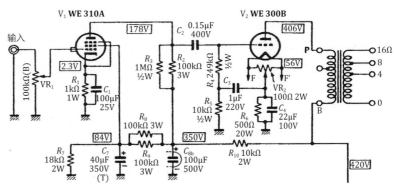

WE91 型功率放大器电路

中放大系数旁热式双三极管
396A (2C51)

WE 396A/2C51

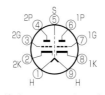

管座：MT9– 小 9 脚

396A 的主要参数

$E_h/V \times I_h/A$	6.3×0.3
最大值	
E_p/V	300
P_p/W	1.5
I_p/mA	18
P_g/W	0.1
$R_g/M\Omega$	1（自偏压），2（固定偏压）
$E_{h\text{-}k}/V$	90
特性（甲类电压放大）	
μ	35
$r_p/k\Omega$	6.4
g_m/mS	5.5
E_p/V	150
I_p/mA	8.2
E_g/V	−2

396A 是贝尔实验室开发的，一款专门用于海底电缆中继器的小型双三极管。具有高跨导、低内阻的特性，得益于其框架栅结构，使用寿命是普通电子管的 5 倍。

设计上，396A 主要用于高频电压放大，不过其输出特性曲线极佳。音频应用时，其声音有着独特的个性，故常用于前置放大器、耳机放大器和功率放大器的信号放大级。应用时应注意，其管脚排列不同于一般的双三极管。

目前这款产品越来越难买到了，替代品有与之特性相同的 WE 407A，只是灯丝规格不同（E_h=20V）。类似的还有 5670 和俄制 6Π3Π。

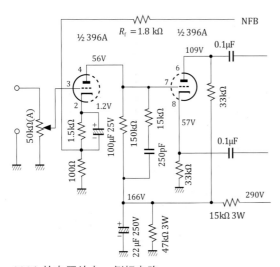

396A 的电压放大 – 倒相电路

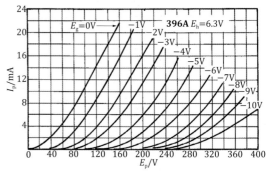

396A 的屏极特性曲线

高频放大用直热式双三极管
3A5

3A5

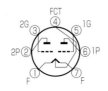

FCT
2G ③ ④ ⑤ 1G
2P ② ⑥ 1P
① ⑦
F F

管座：MT7– 小 7 脚

3A5 的主要参数

$E_f/V \times I_f/A$	2.8 × 0.11（串联） 1.4 × 0.22（并联）
最大值	
E_p/V	135
I_p/mA	5
P_p/W	0.5
典型应用（音频放大）	
E_p/V	90
E_g/V	−2.5
μ	15
$r_p/k\Omega$	8.3
g_m/mS	1.8
I_p/mA	3.7

灯丝电压为 2.8V 或 1.4V 的直热式电池管。3A5 多用于 50MHz 频段的收发机。音频应用时，可以考虑单端耳机放大器或与小型直热式功率放大管组合的全直热管功率放大器等。灯丝点灯需要优质的直流电源，这是关键。

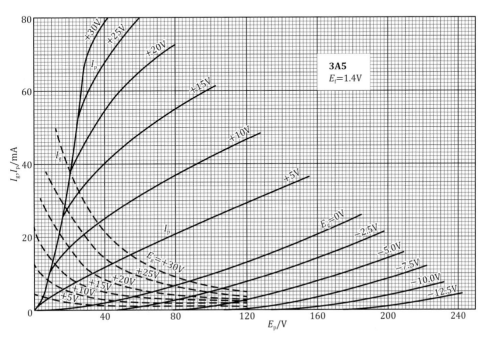

3A5 的屏极特性曲线

旁热式五极管
404A (5847)

WE 404A

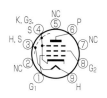

管座：MT9– 小 9 脚

404A 的主要参数

$E_h/V \times I_h/A$	6.3 × 0.3
最大值	
E_p/V	200
P_p/W	3.3
E_{g2}/mA	165
P_{g2}/W	0.85
I_k/mA	40
$R_{g1}/k\Omega$	50（自偏压），100（固定偏压）
E_{h-k}/V	55
典型应用（甲类电压放大）	
g_m/mS	12.5
E_p/V	150
I_p/mA	13.5
E_{g2}/V	150
I_{g2}/mA	4
R_k/Ω	110

404A 又称 5847，是进一步提高了高频特性的高跨导五极管，多用于通信设备中的 70MHz 中频放大。此管采用了增大跨导的框架栅结构，虽然抗冲击能力强，但由于结构精细，可能会出现振动噪声问题。

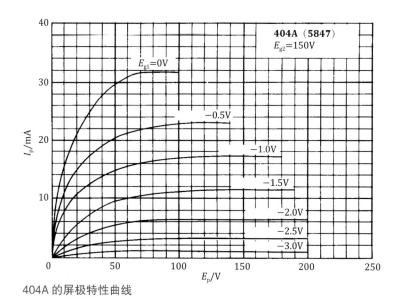

404A 的屏极特性曲线

旁热式四极管
418A

WE 418A

管座：T9 脚

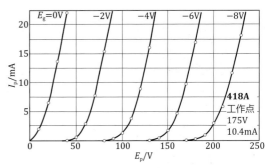

418A 的屏极特性曲线（三极管接法）

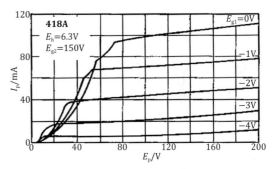

418A 的屏极特性曲线（标准接法）

WE418A 是一款通用四极管，原设计是微波通信设备中的中频放大管。此管可靠性高、寿命长、结构精密，栅极与阴极的间距为 0.015mm，栅极间距 0.025mm，故跨导达到了 26.5mS。

作三极管接法时，特性曲线很理想，放大系数适中，$\mu=24.1$；内阻低，$r_\mathrm{p}=1.47\mathrm{k\Omega}$。

实际应用方面，LCR 型均衡器就是四极管接法与三极管接法相组合的实例。

418A 的主要参数

$E_\mathrm{h}/V \times I_\mathrm{h}/A$	6.3×0.6
最大值	
E_p/V	250
E_g2/mA	150
P_p/W	8.5
P_g2/W	3.0
I_k/mA	90
$R_\mathrm{g}/k\Omega$	100
$E_\mathrm{h\text{-}k}/V$	90
典型应用（四极管接法，$E_\mathrm{g2}=150V$）	
$r_\mathrm{p}/k\Omega$	18
g_m/mS	26.5
E_p/V	150
I_p/mA	50
$R_\mathrm{k}/k\Omega$	27
典型应用（三极管接法）	
μ	24.1
g_m/mS	16.4
$r_\mathrm{p}/k\Omega$	1.47
E_p/V	150
I_p/mA	10

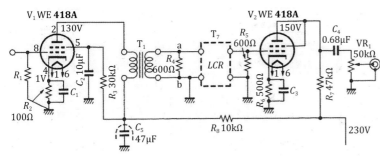

LCR 均衡器电路

高跨导旁热式三极管
437A/3A/167M (CV5112)

WE 437A

松下 3A/167M

437A
管座：T9 脚

3A/167M
管座：锁式 8 脚

　　WE437A 是为载波电话增音机设计的一款 9 脚电子管。框架栅结构，屏极内阻极小，仅有 950Ω；μ=43mS，大到史无前例。电气特性相同的产品是英制 STC-3A/167M（CV5112），但配用的是锁式底座，无法直接替换。由于其内部结构紧密，应用时要注振动噪声。

　　考虑到其屏极耗散功率达 7W，适宜用在变压器输出的推动级。

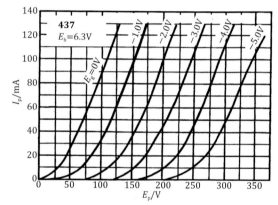

3A/167M 的屏极特性曲线

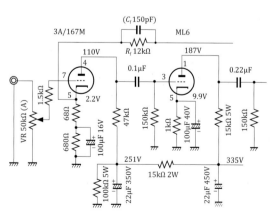

3A/167 信号放大电路

437A 的主要参数

$E_h/V \times I_h/A$	6.3×0.45
最大值	
E_p/V	250
P_p/W	7.0
I_k/mA	45
$R_g/k\Omega$	50（固定偏压），100（自偏压）
E_{h-k}/V	50
典型应用（甲类电压放大）	
E_p/V	140
I_p/mA	29
E_g/V	-2.0
g_m/mS	43
$r_p/k\Omega$	950
μ	41

电压放大 中放大系数旁热式双三极管
5687

Phillips ECG 5687WB

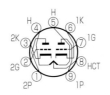

管座：MT9– 小 9 脚

5687 的主要参数

$E_h/V \times I_h/A$		12.6×0.45（串联） 6.3×0.9（并联）	
最大值	E_p/V	300	
	P_p/W	4.2	
	E_{h-k}/V	90	
	$R_g/M\Omega$	1	
典型应用	μ	18	17
	$r_p/k\Omega$	1.56	2
	g_m/mS	11.5	8.5
	E_p/V	120	180
	I_p/mA	36	23
	E_g/V	−2	−7

主要用于触发器、阻尼振荡器、阴极输出电路。此管放大系数为 17，屏极内阻为 2kΩ，非常低。灯丝规格为 6.3V×0.9A

（12.6V×0.45A），和功率管一样大。屏极耗散功率大至 4.2W/ 单元，考虑到外形尺寸并不大，要注意散热。

得益于低放大系数、低屏极内阻，5687 的电路设计自由度高，使用方便。但要注意，其管脚配置与普通双三极管不同。

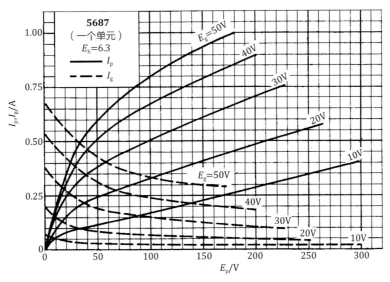

5687 的屏极特性曲线

旁热式双三极管
6111/6H16Б

6111

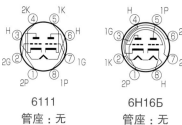

6111
管座：无

6H16Б
管座：无

超小型双三极管，放大系数与 12AU7 相似，输出阻抗比 12AU7 低，振动噪声低，很适合做前置放大管。应用时要注意，屏极电压有限，须保持通风良好。俄制 6H16Б 的电气特性基本相同，仅放大系数略高，可直接代换，但要注意管脚排列的差异。

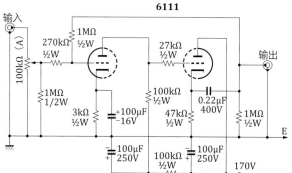

6111 前置放大器电路

6111 的主要参数

$E_h/V \times I_h/A$	6.3×0.3
最大值	
E_p/V	165
P_p/W	0.95
E_g/V	−55
I_p/mA	22
I_g/mA	5.5
$R_g/k\Omega$	1100
E_{h-k}/V	± 200
典型应用（甲 1 类单端）	
E_p/V	100
R_k/Ω	220
E_g/V	−9.0
I_p/mA	8.5
g_m/mS	5
μ	20
$r_p/k\Omega$	4

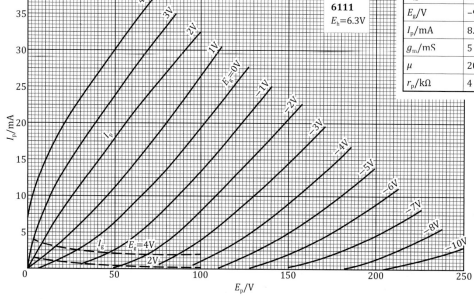

6111 的屏极特性曲线

6112

电压放大 高放大系数电压放大用旁热式双三极管

Phillips ECG 6112

管座：无

6112 的主要参数

$E_h/V \times I_h/A$		6.3 × 0.3	
最大值	E_p/V	165	
	P_p/W	0.3	
	E_g/V	0，−55	
	I_p/mA	3.3	
	$R_g/k\Omega$	1100	
	E_{h-k}/V	± 200	
典型应用	E_p/V	100	150
	R_k/Ω	1500	820
	E_g/V	−2.8	−3.7
	I_p/mA	0.8	1.75
	g_m/mS	1.8	2.5
	μ	70	70

与 5751 相当的超小型双三极管，放大系数为 70，跨导为 2.5mS，最高屏极电压为 160V。

由于是超小型管，无需管座，所以不会出现管座产生的接触噪声，防振能力强，振动噪声低。

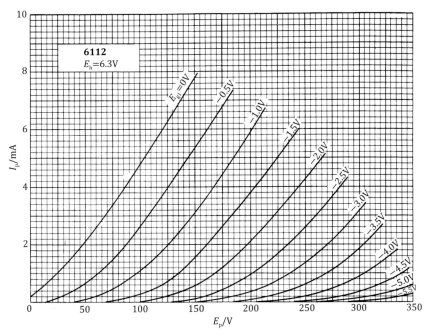

6112 的屏极特性曲线

低频放大用旁热式双三极管

电压放大

6350 (6463)

SYLVANIAN 6350

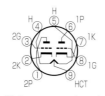

管座：MT9– 小 9 脚

用于计算机电路的长寿命开关管。与 12AU7 相比，放大系数相同，屏极内阻约减半，灯丝功率加倍。其特点是 E_g=0V 时 E_p-I_p 曲线很好，因此在相同电源电压下能获得更高的输出电压。应用时要注意，其栅漏电阻 R_g 的最大值为 500kΩ（自偏压），管脚排列与 12AU7 不同，与 6463 相同。

6350 的主要参数

$E_h/V \times I_h/A$		6.3×600（并联）
		12.6×300（串联）
最大值	E_p/V	300
	E_g/V	75（负栅压）
		3.5（正栅压）
	P_p/W	3.5（每单元）
	I_p/mA	5
	I_k/mA	25
	$R_g/k\Omega$	100（固定偏压）
		500（自偏压）
	E_{h-k}/V	±200
典型应用	E_p/V	150
	E_g/V	−5
	$R_p/k\Omega$	3.9
	I_p/mA	11
	μ	18
	$g_m/\mu S$	4600

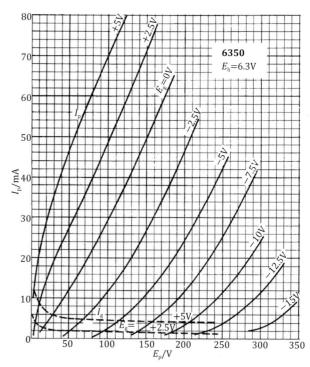

6350 的屏极特性曲线

高频放大用旁热式五极管

...

電壓放大

6AK5 (EF95) /403A/5654

东芝 6AK5

WE 403A

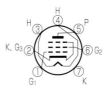

管座：MT7- 小 7 脚

6AK5 的主要参数

$E_h/V \times I_h/A$	6.3×0.175	
最大值		
E_p/V	180	
P_p/W	1.7	
E_{g2}/V	140	
P_{g2}/W	0.5	
I_k/mA	18	
$R_{g1}/M\Omega$	1.0（自偏压）	
	0.25（固定偏压）	
E_{h-k}/V	90	
典型应用（甲类电压放大）		
$r_p/k\Omega$	300	450
g_m/mS	5.0	5.1
E_p/V	120	180
I_p/mA	7.5	7.7
E_{g2}/V	120	120
P_{g2}/W	2.5	2.4
E_{g1}/V	-6.8	-6.9

　WE403A 是西电开发的 UHF 频段锐截止五极管，电极间电容和引线电感很小。后来被许多厂商冠以 6AK5 的型号生产。此管等效噪声电阻小，跨导大，是理想的高频放大管。6AK5 的欧洲型号是 EF95，高可靠性型号是 5654。

　这种小 7 管脚的音频应用并不多，有标准接法与三极管接法相结合的均衡器放大器制作实例。

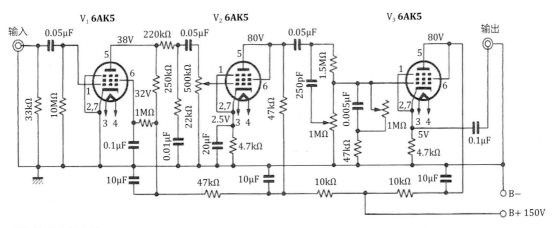

均衡器放大器电路

127

SYLVANIAN 6AN8

电压放大

旁热式三极－五极复合管
6AN8

6AN8 的主要参数

$E_h/V \times I_h/A$	（ 6.3 ± 0.6 ） $\times 0.45$	
	三极管部分	五极管部分
E_p/V	150	130
P_p/W	5	1.8
I_k/mA	40	25
E_{g2}/V	150	—
P_{g2}/W	2	—
E_{h-k}/V	+200，−100	
μ	—	21
$r_p/k\Omega$	170	4.7
g_m/mS	7.8	4.5
E_p/V	125	150
E_{g2}/V	125	—
I_p/mA	12	15
E_{g1}/V	0	−3
$R_k/k\Omega$	56	0

最大值 / 典型应用

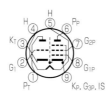

管座：MT9– 小 9 脚

专门用于电视机的小 9 脚管，内部由高跨导五极管与中放大系数三极管构成，两个单元之间有屏蔽，每个单元都可以独立使用，从高频到音频都有良好的表现。五极管部分的跨导较大，可以获得较大的增益，因此 ALTEC 功率放大器仅用一只该管就构成了电压放大和倒相级。即使加上负反馈，增益也有余量。

以简单电路获得高输出功率而闻名的 DYNA-KING Mk.3，便很好地利用了 6AN8 的特性。

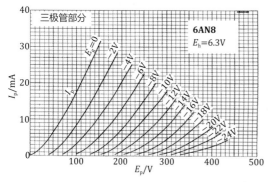

6AN8 的屏极特性曲线

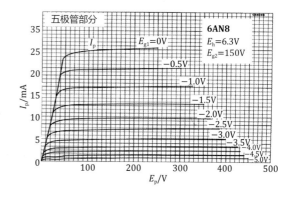

128

电压放大 高低频放大用旁热式双三极管
6AQ8 (ECC85)

松下 6AQ8/ECC85

TESLA ECC85

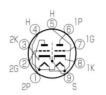

管座：MT9– 小 9 脚

6AQ8 的主要参数

$E_h/V \times I_h/A$		6.3×0.435
最大值	E_p/V	300
	P_p/W	2.5
	I_k/mA	15
	$E_{h\text{-}k}/V$	90
典型应用	μ	57
	$r_p/k\Omega$	9.7
	g_m/mS	5.9
	E_p/V	250
	I_p/mA	10
	E_g/V	-2.3

常用于高频振荡和混频的双三极管，特性与 12AT7 相当，与 12AT7 的区别是两个单元之间有屏蔽电极。屏蔽电极有助于隔离和防止寄生振荡。

它本来是用于高频的，缺乏线性，但也可用于音频电压放大和倒相，成名于 LUXMAN A3500。

线性逊于 6DJ8 等高跨导管，类似管有 6DT8（12DT8）、6R-HH2 等。

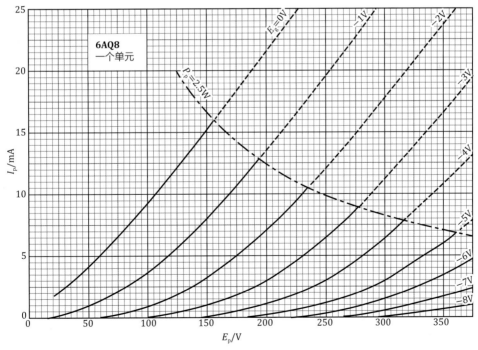

6AQ8 的屏极特性曲线

129

电压放大 锐截止旁热式五极管
6AU6 (EF94)

管座：MT7– 小 7 脚

东芝 6AU6

6AU6 的主要参数

$E_h/V \times I_h/A$	6.3×0.30		
		标准接法	三极管接法
最大值 E_p/V	330	275	275
P_p/W	3.5	3.5	3.5
E_{g2}/V	330	—	—
P_{g2}/W	0.75	—	—
E_{h-k}/V	± 200		
典型应用 μ	—	—	36
$r_p/k\Omega$	500	1500	4.8
g_m/mS	3.9	4.5	4.5
E_p/V	100	250	250
E_{g2}/V	100	125	—
I_p/mA	5	7.6	12.2
I_{g2}/A	2.1	3	—
$R_k/k\Omega$	150	100	330

　　小 7 脚通用五极管，高低频都有良好的表现。作低频放大时，一般是帘栅极、抑制栅极接屏极的三极管接法。此时电压放大倍数较小，但低失真率很低，最大输出电压较高。特制 Hi-Fi 型号的振动噪声和交流声很低，非常适合制作前置放大器和均衡器。灯丝启动时间为 11s。

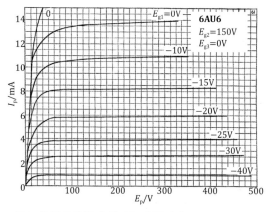

6AU6 的屏极特性曲线（标准接法）

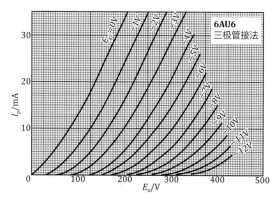

6AU6 的屏极特性曲线（三极管接法）

旁热式双二极 – 高放大系数三极复合管
6AV6

電壓放大

东芝 6AV6

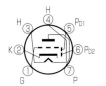

管座：MT7– 小 7 脚

　五管超外差收音机用小型复合管，由两个检波二极管和低频放大用三极管构成。其瓶形管型号与 6ZDH3A 相当，三极管部分与 12AX7 相当。

6AV6 的主要参数

E_h/V × I_h/A	6.3 × 0.3	
最大值	三极管部分	二极管部分
E_p/V	300	—
P_p/W	0.5	—
I_k/mA	40	1
E_{h-k}/V	± 90	
典型应用	三极管部分	
E_p/V	100	250
I_k/mA	0.5	1.2
E_g/V	–1	–2
μ	100	100
r_p/kΩ	80	62.5
g_m/mS	1.25	1.6
预热时间 /s	11	

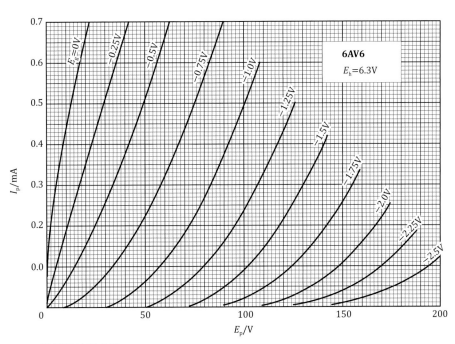

6AV6 的屏极特性曲线

高频放大用旁热式五极管
6BA6

东芝 6BA6 Hi-Fi

6BA6 的主要参数

E_h/V × I_h/A	6.3×0.3	
最大值		
E_p/V	330	
P_p/W	3.4	
E_{g1}/V	0, −55	
E_{g2}/V	330	
P_{g2}/W	0.7	
E_{h-k}/V	±200	
典型应用（甲 1 类单端）		
E_p/V	100	250
E_{g3}/V	0	0
E_{g2}/V	100	100
R_k/Ω	68	68
r_p/kΩ	250	1000
E_{g1}/V	−20	−20
I_p/mA	10.8	11
I_{g2}/mA	4.4	4.2
g_m/mS	4.3	4.4

自动增益电路用可变放大系数五极管，跨导为 4.4mS，是 6BD6 的 2 倍左右。跨导从浅偏压处开始变化。此管比普通功率放大管的二次失真多，与 7591 这样的推挽用高跨导功率放大管相结合，可以消除二次失真。

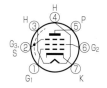

管座：MT7− 小 7 脚

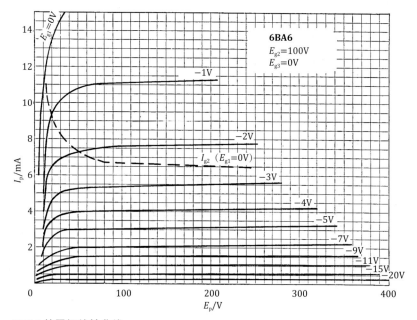

6BA6 的屏极特性曲线

高频放大用旁热式五极管
6BD6

Phillips ECG 6BD6

6BD6 的主要参数

$E_h/V \times I_h/A$	6.3 × 0.3		
最大值			
E_p/V	300		
P_p/W	3.0		
I_k/mA	14		
E_{g2}/V	125		
P_{g2}/W	0.4		
$E_{h\text{-}k}/V$	± 200		
典型应用（甲 1 类单端）			
E_p/V	100	125	125
E_{g3}/V	0	0	0
E_{g2}/V	100	125	100
E_{g1}/V	−1	−3	−3
$r_p/k\Omega$	150	180	800
I_p/mA	13	13	9
I_{g2}/mA	5	5	3
g_m/mS	2.55	2.35	2.0

　　自动增益电路用可变放大系数五极管，跨导为 2mS，与 EF86 差不多。与可变放大系数管 6D6 非常相似，但内有屏蔽，不需要屏蔽壳。偏置较浅处在一定程度上确保了线性度，如果是小信号，也可用于音频放大。

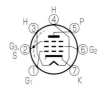

管座：MT–7 小 7 脚

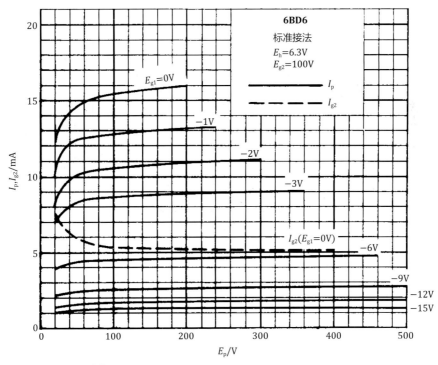

6BD6 的屏极特性曲线

高频放大用旁热式五极管
6BX6 (EF80) /EF800/EF860

AMPEREX 6BX6

SIEMENS EF80

　　小9脚通用五极管，通常在电视机中作中频放大，作音频放大也能获得很好的效果。作三极管接法时，放大系数也可达到50，内阻为5kΩ。替代规格稍小的E83F，或者用于带输出变压器的耳机放大器等，也可获得较好的效果。

6BX6 及类似管的参数比较

管型	6BX6	EF800	EF860	E83F
E_h/V	6.3	6.3	6.3	6.3
I_h/A	0.3	0.275	0.3	0.3
E_{pmax}/V	300	250	250	210
P_p/W	2.5	1.7	2.1	2.1
E_{g2max}/V	300	250	250	210
P_{g2}/W	0.7	0.45	0.55	0.35
μ	50	50	50	34
g_m/mS	7.5	7.5	7.5	9

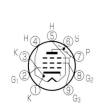

管座：MT9– 小 9 脚

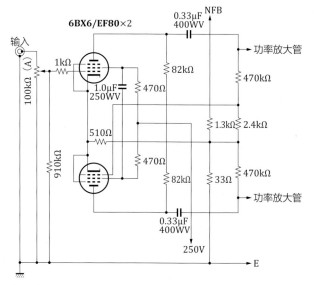

倒相电路

134

旁热式三极－五极复合管
6BL8 (ECF80)

松下 6BL8

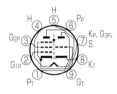

管座：MT9－小 9 脚

ECF80 的主要参数

$E_h/V \times I_h/A$	6.3 × 0.43	
最大值	三极管部分	五极管部分
E_{pmax}/V	550	550
E_p/V	250	250
P_{pmax}/W	1.5	1.7
E_{g1}/V	−1.3	−1.3
E_{g2max}/V	—	550
E_{g2}/V $I_k=14mA$	—	175
E_{g2}/V $I_k \le 10mA$	—	200
P_{g2}/W $P_p>1.2W$	—	0.5
P_{g2}/W $P_p<1.2W$	—	0.75
I_{kmax}/mA	14	14
$R_{g1}/M\Omega$	0.5	1（自偏压）
E_{h-k}/V	100	100

高跨导锐截止五极管与中放大系数三极管的复合管，原设计用于振荡、混频。

五极管部分的跨导比 6AU6 稍高，但相近。三极管部分近似 12AU7 的一个单元，但跨导是其 1.5 倍左右。ALTEC 功率放大器就使用了这款电子管，五极管部分用于信号放大，三极管部分用于倒相，这样前级使用一只电子管就可以了。

五极管部分的控制栅极为 2 脚，三极管部分的屏极为 1 脚，要分开布线，避免交叉。

管脚连接与 6BL8 相同的电子管

型号	三极管部分		五极管部分
	μ	g_m/mS	g_m/mS
7687	18	2.5	5.8
6BL8	20	5	6.2
6LN8	20	5	6.2
6MU8	35	6	9
6AX8	40	8.5	4.8
6KD8	40	7.5	5
6U8	40	7.5	5
6678	40	8.5	5.2
7731	40	8.5	5.2
6EA8	40	8.5	6.4
6GJ8	40	8.5	7.5
6HL8	40	7	10
6MQ8	40	5	10
6LM8	46	8.5	6
6GH8	46	8.5	7.5

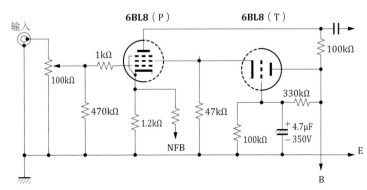

利用三极管部分稳定五极管部分 E_{g2} 的电路

旁热式三极管
6C4/6135

Philips ECG 6C4WA

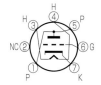

管座：MT7– 小 7 脚

$\mu=17$，$g_m=2.2\text{ms}$，$r_p=7.7\text{k}\Omega$，灯丝规格为 $6.3\text{V}\times0.15\text{A}$，可视为将 12AU7 的一个单元独立出来而形成的小 7 脚管。但是，其屏极不存在相互加热的问题，$P_p=3.5\text{W}$，间歇使用可达 5W。因此，它可以用作小功率放大器的功率放大管，这是比 12AU7 有优势的地方。

6C4 的主要参数

$E_h/V \times I_h/A$	6.3 × 0.15	
最大值		
E_p/V	300	
P_p/W	3.5	
$R_g/\text{k}\Omega$	250（固定偏压）	
	1000（自偏压）	
$E_{h\text{-}k}/V$	± 200	
典型应用（甲 1 类单端）		
E_p/V	100	250
E_g/V	0	−8.5
r_p/Ω	6.25	7.7
I_p/mA	11.8	10.5
$g_m/\mu S$	3100	2200
μ	19.5	17

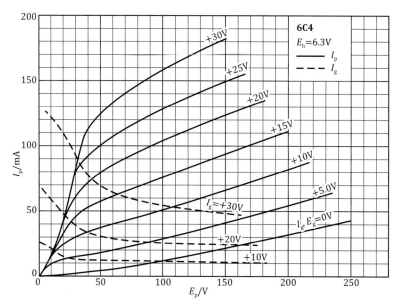

6C4 阻容耦合放大器电路（甲类单端）

旁热式三极管
6C5 (VT-65)

6C5（VT–65）

管座：US8– 大 8 脚

$\mu=20$，$g_m=2.0\text{mS}$，$r_p=10\text{k}\Omega$（比 6SN7 稍高），灯丝规格为 $6.3\text{V}\times0.3\text{A}$，一般视为将 6SN7 的一个单元独立出来而形成的筒形玻璃管。

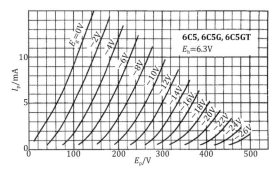

6C5 的屏极特性曲线

6C5 及类似管的参数比较

管型	6C5	6J5	6L5G	6P5	12E5GT	6SN7	6SN7GTB	12AH7GT	6C4
管别	单三极管	单三极管	单三极管	单三极管	单三极管	双三极管	双三极管	双三极管	单三极管
E_h/V	6.3	6.3	6.3	6.3	12.6	6.3	6.3	12.6	6.3
I_h/A	0.3	0.3	0.15	0.3	0.15	0.6	0.6	0.15	0.15
E_{pmax}/V	300	300	250	250	250	300	450	300	300
P_p/W	2.5	2.5	—	1.25	1.25	2.5	5	2.5	2.5
μ	20	20	17	13.8	13.8	20	20	16	17
g_m/mS	2.0	2.6	1.9	1.45	1.45	2.6	2.6	2.4	2.2
r_p/kΩ	10	7.7	9	9.5	9.5	7.7	7.7	12	7.7
外形	金属管 大型玻璃管 筒形玻璃管	金属管 大型玻璃管 筒形玻璃管	大型玻璃管	大型玻璃管 筒形玻璃管	筒形玻璃管	筒形玻璃管	筒形玻璃管	筒形玻璃管	小 7 脚管
管脚配置	6Q	6Q	6Q	6Q	6Q	8BD	8BD	8BE	6BGG

检波、电压放大用旁热式五极管
6C6/57/6J7

6C6

管座：UZ6– 大 6 脚

6C6 的主要参数

$E_h/V \times I_h/A$	6.3×0.3			
最大值	三极管接法		标准接法	
E_p/V	250		300	
E_{g2}/V	—		300	
E_{g2}/V	—		125	
E_{g1}/V	0		0	
P_p/W	1.75		0.75	
P_{g2}/W	—		0.10	
典型应用	甲 1 类单端		甲 1 类单端	
E_p/V	180	250	100	250
E_{g2}/V	—	—	100	100
E_{g1}/V	-5.3	-8	-3	-3
E_{g3}/V	接到屏极		接到阴极	
I_p/mA	5.3	6.5	2.0	2.0
I_{g2}/mA	—	—	0.5	0.5
$r_p/M\Omega$	11	10.5	1000	1000
$g_m/\mu S$	1800	1900	1185	1225
μ	20	20	—	—

一款通用锐截止五极管，广泛应用于收音机的高频放大、振荡、混频、检波和低频放大等，特性与 WE310B 相近（灯丝规格不同）。应用时要注意屏蔽，金属封装型 6J7 无此问题。作三极管接法时，特性与 6C5 相似。

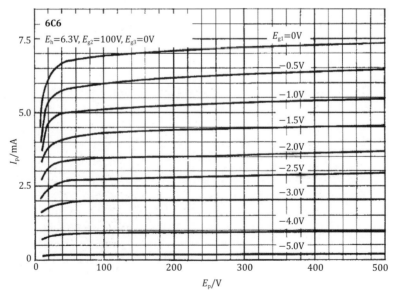

6C6 的屏极特性曲线

垂直振荡、放大用旁热式双三极管
6CS7

日立 6CS7

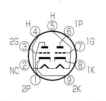

管座：MT9– 小 9 脚

6CS7 的主要参数

$E_h/V \times I_h/A$		6.3 × 0.6	
		一单元	二单元
最大值	E_p/V	500	500
	P_p/W	1.25	6.5
	I_k/mA	20	30
	$R_g/M\Omega$	2.2	2.2
	E_{h-k}/V	± 200	± 200
典型应用	E_p/V	250	250
	E_g/V	-8.5	-10.5
	I_p/mA	10.5	19
	g_m/mS	2.2	4.5
	$r_p/k\Omega$	7.7	3.45
	μ	17	15.5

专门用于电视机显像管垂直扫描振荡和偏转的双三极管。此款三极管一单元的特性与 12AU7 的一个单元大致相同，主要用于垂直振荡，产生锯齿波。二单元的屏极耗散功率为 6.5W，主要用于垂直振荡产生的锯齿波电流，供偏转线圈用。单独使用二单元，E_p=250V、I_p=15mA、R_L=10kΩ 时，输出功率约 1.2W。这种不对称设计，非常适合耳机放大器。

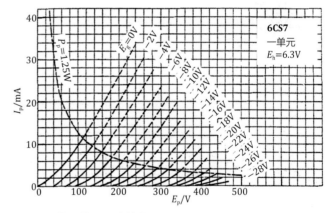

6CS7 一单元的屏极特性曲线

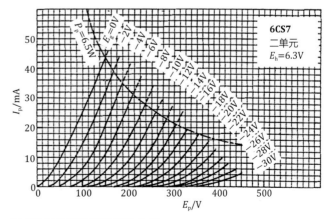

6CS7 二单元的屏极特性曲线

垂直振荡、放大用中低放大系数旁热式双三极管
6DE7

SYLVANIAN 6DE7

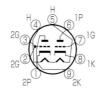

管座：MT9– 小 9 脚

6DE7 的主要参数

$E_h/V \times I_h/A$		6.3×0.9	
		一单元	二单元
最大值	E_p/V	330	275
	P_p/W	1.5	7.0
	I_k/mA	22	50
	$R_g/M\Omega$	2.2	2.2
	E_{h-k}/V	± 200	± 200
典型应用	E_p/V	250	150
	E_g/V	−11	−17.5
	I_p/mA	5.5	35
	g_m/mS	2.0	6.5
	$r_p/k\Omega$	8.75	0.925
	μ	17.5	6.0

此管用于串接灯丝电路（无灯丝变压器），根据灯丝的不同，有 10DE7 和 13DE7 两种规格。电视机内，一单元用于垂直振荡，二单元用于垂直放大。二单元的屏极耗散功率为 7W，内阻为 0.925kΩ。此管屏极特性曲线图中的 E_g 曲线并不整齐，用于音频放大器时要注意。

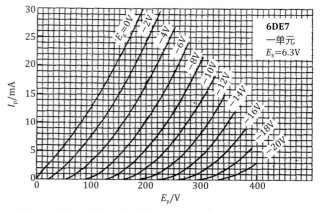

6DE7 一单元的屏极特性曲线

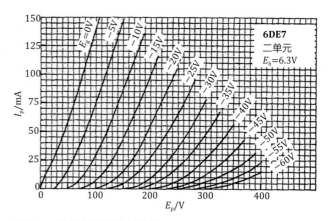

6DE7 二单元的屏极特性曲线

串接放大电路用中放大系数旁热式双三极管
6DJ8 (ECC88)

东芝 6DJ8

Phillips 6DJ8/ECC88

6DJ8 的主要参数

$E_h/V \times I_h/A$		6.3×0.365
最大值	E_p/V	130
	P_p/W	1.8
	I_k/mA	25
	$R_g/M\Omega$	1
	$E_{h\text{-}k}/V$	50（一单元）
		130（二单元）
典型应用	E_p/V	90
	E_g/V	−1.3
	I_p/mA	15
	g_m/mS	12.5
	μ	33

高频调谐器专用电子管，原型是 PCC88（7DJ8）。电视机的高频调谐器为改善五极管信噪比低的问题，故采用三极管串接电路。PCC88 便是为此目的开发的，此管为框架栅结构,特点是栅极密、跨导大、防振能力增强。故 6.3V 的 6DJ8 在音频放大器中具有很高的应用价值。6DJ8 作为电压放大管的优点是内阻低，音质良好。

6DJ8 的高性能管型有 6922、7308。

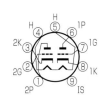
管座：MT9- 小 9 脚

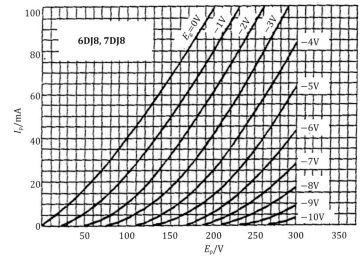

6DJ8, 7DJ8

6DJ8 的屏极特性曲线

高频放大用旁热式五极管
6EJ7 (EF184)

松下 6EJ7/EF184

管座：MT-7 小 7 脚

6EJ7 的主要参数

$E_h/V \times I_h/A$		6.3×0.3		
最大值	E_p/V	250		
	E_{g3}/V	0		
	E_{g2}/V	250		
	E_{g1}/V	−50		
	I_p/mA	25		
典型应用	E_p/V	170	200	230
	E_{g3}/V	0	0	0
	E_{g1}/V	170	200	230
	$R_{g2}/k\Omega$	0	7.5	15
	R_k/Ω	140	140	140
	I_p/mA	10	10	10
	I_{g2}/mA	4.1	4.1	4.1
	$g_m/\mu S$	15.6	15.6	15.6
	$r_p/M\Omega$	330	510	680

　　调谐放大器用五极管，框架栅结构。此管为了提高调谐电路的 Q 值（选择性），适当增大屏极内阻，配合其高跨导，能获得理想的增益。三极管接法时，其放大系数也可达 60。

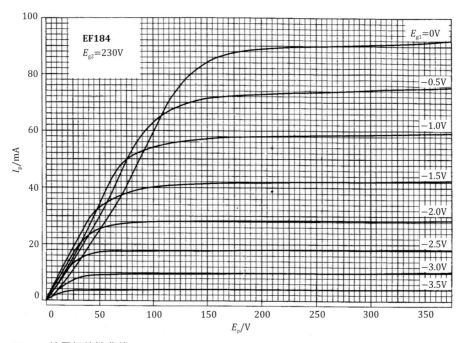

EF184 的屏极特性曲线

东芝 6FQ7

水平／垂直振荡用旁热式双三极管
6FQ7/6CG7

电压放大

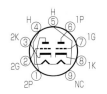

管座：MT9– 小 9 脚

6FQ7 的主要参数

$E_h/V \times I_h/A$		6.3×0.6
最大值	E_p/V	330
	P_p/W	3.5
	I_k/mA	22
	$R_g/M\Omega$	1（固定偏压）
		2（自偏压）
	E_{h-k}/V	± 200
典型应用	E_p/V	250
	E_g/V	-8
	I_p/mA	9
	g_m/mS	2.6
	μ	20
	$r_p/k\Omega$	7.7

6SN7 的小型化产品。6FQ7 与 6CG7 基本相同，但 6CG7 的屏极稍大，有屏蔽板。对于串接灯丝电路，根据灯丝电压的不同，有 8FQ7 和 12FQ7 两种型号。由于屏极耗散功率高达 3.5W/ 单元，非常适合作音频放大器的推动管。

ALTEC 1569A 型功率放大器的推动级和信号放大级均使用 6CG7，在音质方面获得了很好的评价。

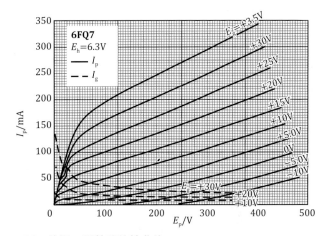

6FQ7 的栅 – 屏转移特性曲线

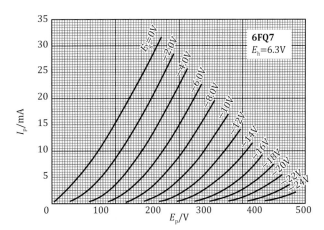

6FQ7 的屏极特性曲线

143

电压放大用旁热式三极管
6J5GT

Phillips ECG 6J5WGT

管座：US8– 大 8 脚

由原型管 76 经过金属管 6J5、瓶形管 6J5G、筒形管 6J5GT 演变而来，中放大系数，屏极内阻适中，非常好用。直到后来小型管 6C4 出现，6J5GT 的应用非常广泛。

众所周知的 6SN7GT，即为 2 个 6J5GT 的三极管单元封装而成。

6J5GT 的主要参数

$E_h/V \times I_h/A$		6.3×0.3
最大值	E_p/V	300
	P_p/W	2.5
	I_k/mA	20
典型应用	E_p/V	250
	I_p/mA	9
	E_g/V	−8
	μ	20
	$r_p/k\Omega$	7.7
	g_m/mS	2.6

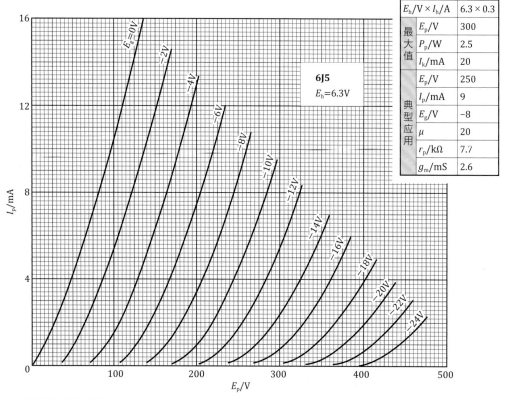

6J5 的屏极特性曲线

6J7/1620

电压放大

检波、放大用锐截止旁热式五极管

GE 6J7

管座：US8- 大 8 脚

通用锐截止五极管。以 6C6 为原型，为了提高可靠性，改为金属管的同时，管座改成了大 8 脚。除了灯丝和电极间电容，电气特性与 6C6、6J7G、6J7GT 相同。

电路实例表明，它可以在实现 100 左右放大系数的同时，提供 50V 的最大输出电压。

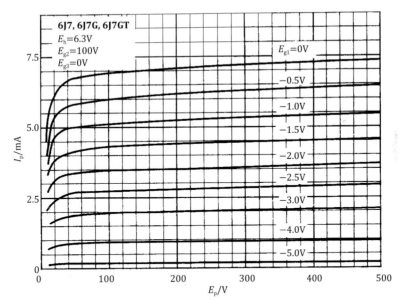

6J7 的屏极特性曲线

中放大系数旁热式双三极管
6H1П

SVETLANA 6H1П

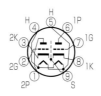

管座：MT9– 小 9 脚

6H1П 是俄制中低屏极内阻双三极管。其线性良好，一直被用于测量仪器与低频电压放大。亦有高可靠性、长寿命、军规产品。

6H1П、6H23П、6DJ8 的主要参数

	6H1П	6H23П	6DJ8(ECC88)
$E_h/V \times I_h/A$	6.3×0.60	6.3×0.31	6.3×0.365
最大值			
E_p/V	250	300	130
P_p/W	2.2	1.8	1.8
E_{h-k}/V	$+120, -250$	150	$+50, -150$
$R_g/M\Omega$	0.5	1	1
典型应用（甲类放大）			
E_p/V	250	100	90
I_p/mA	7.5	15	15
$R_k/k\Omega$	600	82	$E_g = -1.3V$
μ	35	32.5	33
$r_p/k\Omega$	7.8	2.6	2.6
g_m/mS	4.5	12.5	12.5

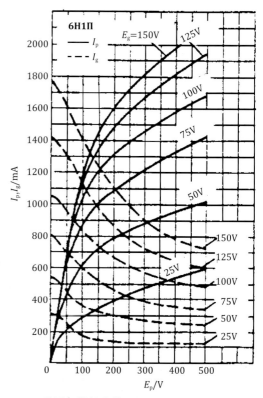

6H1П 的屏极特性曲线

中放大系数旁热式双三极管
6H6П

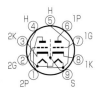

管座：MT9– 小 9 脚

6H6П 的主要参数

$E_h/V \times I_h/A$		6.3×0.75
最大值	E_p/V	300
	P_p/W	4.8（两单元 8）
	I_p/mA	45
	$E_{h\text{-}k}/V$	± 100
典型应用	μ	22
	$r_p/k\Omega$	1.8
	g_m/mS	11.2
	E_p/V	120
	I_p/mA	28
	E_g/V	-2

6H6П

俄制中放大系数、低屏极内阻双三极管，主要用于触发器、阻尼振荡器、阴极输出电路。

放大系数为 20，屏极内阻低至 1.8kΩ。

亦有高可靠性、长寿命、军规产品。

特性与 5687 类似，但要注意，它们的灯丝和管脚配置不同。

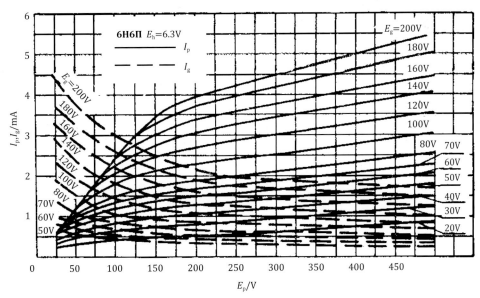

6H6П 的屏极特性曲线

检波、放大用锐截止旁热式五极管
6SJ7/5693

6SJ7

Westinghouse 5693

6SJ7 的主要参数

$E_h/V \times I_h/A$	6.3 × 0.3	
	标准接法	三极管接法
最大值 E_p/V	300	250
P_p/W	0.75	1.75
E_{g2}/V	300	—
P_{g2}/W	0.1	—
典型应用 μ	—	19.8
$r_p/k\Omega$	1000	11
g_m/mS	1.185	1.8
E_p/V	100	180
E_{g2}/V	100	—
I_p/mA	2.0	5.3
E_{g1}/V	−3	−5.3

管座：US8– 大 8 脚

通用锐截止五极管，与原型管 6J7 相比，屏极电流、跨导增大了 20%，改进了管脚分布（取消了顶栅结构），实际应用中可以同等对待。

6SJ7 作帘栅极和抑制栅极接屏极的三极管接法时，特性与 6SN7 的一个单元大致相同，广泛用于功率放大器的信号放大级和推动级。作标准接法，电源电压为 300V、R_p=100kΩ、R_g=510kΩ、R_k=560Ω 时，增益为 80，输出电压为 80V$_{rms}$，可直接推动 300B。这一电路配置类似于著名的 WE91B 放大器。金属壳与管座的 1 脚相连，必须接地，无须额外屏蔽。Special Red Tube 5693 具有独特的红色外观，是高可靠性型号。

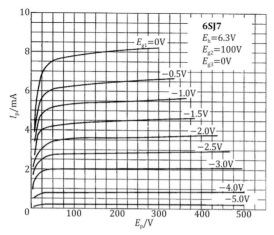

6SJ7 的屏极特性曲线（标准接法）

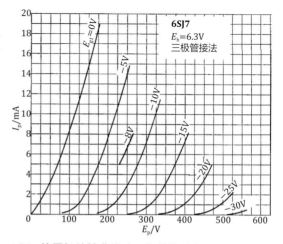

6SJ7 的屏极特性曲线（三极管接法）

6SL7/5691

电压放大 中放大系数旁热式双三极管

6SL7WGT

5691

管座：US8– 大 8 脚

6SL7 的主要参数

$E_h/V \times I_h/A$		6.3×0.3
最大值	E_p/V	300
	P_p/W	1
	E_{h-k}/V	±90
典型应用	μ	70
	$r_p/k\Omega$	44
	g_m/mS	1.6
	E_p/V	250
	I_p/mA	2.3
	E_g/V	-2

6SL7 可视为大 8 脚的 12AX7 ，常用于电压放大，屏极耗散功率为 1W。屏极特性曲线均匀排列，具有良好的线性。由于屏极内阻高达 44kΩ，负载阻抗需为 100kΩ 及以上。

6SL7 很受欢迎，现在仍可买到俄制的 TUNG-SOL 等品牌的现产品。此外，被称为 Special Red Tube 的高可靠性管 5691 的袴部呈红色，别有一番风味。

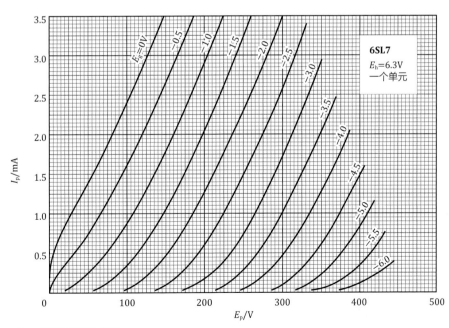

6SL7 的屏极特性曲线

中放大系数旁热式双三极管
6SN7/5692

RCA 6SN7   5692

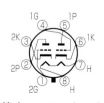

管座：US8– 大 8 脚

6SN7 的主要参数

	$E_h/V \times I_h/A$	6.3 × 0.6	
最大值	E_p/V	300	
	P_p/W	3.5（两个单元 5.0）	
	I_k/mA	20	
	$R_g/M\Omega$	1.0	
	E_{h-k}/V	−200,+100	
典型应用	μ	20	20
	$r_p/k\Omega$	8.0	7.7
	g_m/mS	2.5	2.6
	E_p/V	100	250
	I_p/mA	10.6	9
	E_g/V	0	−8（R_g=1.1kΩ）

电压放大管的代表，具有中等放大系数（μ=20）、中内阻（r_p= 7.7kΩ）的中等特性，使用很方便。各电极是单独引出的，两个单元之间没有屏蔽，要注意。屏极耗散功率为 3.5W，既可用于小功率放大器的功率放大级，也可用于大功率放大器的推动级。

工作于低屏电压（100V 或更低）时，为了减小失真，建议设定 R_k=10kΩ、R_p=250kΩ。如果屏极电压提高到 250V 左右，失真就会减小。若需要较大的输出电压，建议 E_p=250V、R_p=100kΩ，尽管失真会有所增大，但可以得到 63V_{rms} 的最大输出电压。

类似的小型管有 6CG7、6FQ7 和 12AU7。其中，6CG7 和 6FQ7 被认为是其同等管，6FQ7 的两个单元之间加了屏蔽。12AU7 的灯丝功率低一半左右，屏极耗散功率稍小，为 2.75W。

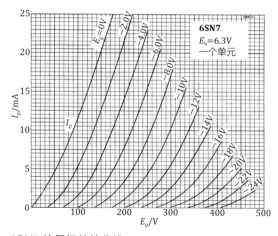

6SN7 的屏极特性曲线

高可靠性管有 Spesial Red Tube 的 5692，它采用红色管座，内部结构上增强了防振性能。

电压放大 6SQ7

旁热式双二极 – 高放大系数三极复合管

管座：US8– 大 8 脚

SYLVANIA 6SQ7GT

6SQ7 的主要参数

$E_h/V \times I_h/A$	6.3×0.3	
最大值		
E_p/V	300（三极管部分）	
P_p/W	0.5（三极管部分）	
I_p/mA	1（二极管部分）	
E_{h-k}/V	± 90	
典型应用	三极管部分	
μ	100	
$r_p/k\Omega$	110	
g_m/mS	0.9	
E_p/V	100	
I_k/mA	0.4	
E_g/V	-1	

6AV6 的筒形管版本，内部由共阴极的 2 个二极管单元和 1 个高放大系数三极管构成，二极管部分在收音机中是有用的，三极管部分的放大系数很高，约为 100，可用于音频放大器信号放大级的电压放大。注意，相比 100V 的屏极电压，250V 屏极电压下的增益约是其 1.5 倍，失真率是其几分之一。

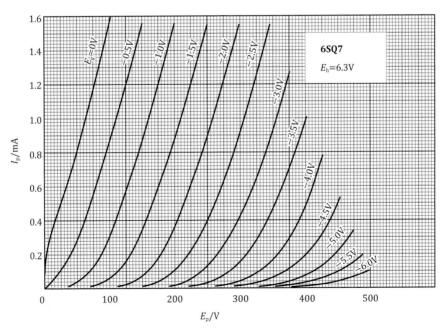

6SQ7 的屏极特性曲线

振荡、混频用旁热式三极－五极复合管
6U8 (ECF82)

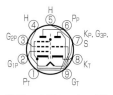

管座：MT9－ 小 9 脚

TESLA ECF82

欧洲开发的振荡和混频用小型复合管，由高跨导锐截止五极管部分和中放大系数三极管部分组成。五极管部分的跨导与 6AU6 基本相同，但比 6AU6 更适合低压工作。三极管部分的放大系数为 40，用一只这样的电子管就可以完成功率放大器前级。

三极管部分的屏极和五极管部分的控制栅极相邻，要将五极管部分和三极管部分的配线分开，配线不良可能会引发振荡。

美制型号为 6U8/6EA8，但规格略有不同。用 6BR8A 代换 6U8 时，因为屏极和栅极的间距很大，所以不用担心振荡。

6U8 的主要参数

E_h/V × I_h/A	6.3V × 0.3	
最大值	三极管部分	五极管部分
E_p/V	330	330
E_{g2}/V	—	330
E_{g1}/V	0	0
P_p/W	2.5	3.0
P_{g2}/W	—	0.55
R_{g1}/kΩ	—	500（自偏压）
	—	1000（固定偏压）
E_{h-k}/V	±200	
典型应用（甲 1 类单端）		
E_p/V	125	100	125
E_{g2}/V		70	110
E_{g1}/V	−1.0	0	−1.0
μ	40	—	—
r_p/kΩ	5.3		200
g_m/mS	7.5	5.5	5
I_p/mA	13.5	—	9.5
I_{g2}/mA	—		3.5

6U8 的代换管（未显示屏蔽）

管型	三极管部分 μ	g_m/mS	五极管部分 g_m/mS	1	2	3	4	5	6	7	8	9
6EA8	40	8.5	6.4	P_T	G_{1P}	G_{2P}	H	H	P_P	K_P,G_{3P}	K_T	G_T
6EU8	40	8.5	6.4	P_P	G_{2P}	P_T	H	H	K_T	G_{1P}	K_P,G_{3P}	G_T
6FV8	40	8	6.5	G_T	P_T	K_T	H	H	P_P	G_{2P}	K_P,G_{3P}	G_{1P}
6U8	40	7.5	5	P_T	G_{1P}	H	H	P_P	K_P,G_{3P}	K_T	G_T	
6BR8A	40	7.5	5	G_T	P_T	H	H	P_P	G_{2P}	K_P,G_{3P}	G_{1P}	
6GH8	46	8.5	7.5	P_T	G_{1P}	G_{2P}	H	H	P_P	K_P,G_{3P}	K_T	G_T
6JN8	46	8.5	7.5	G_T	P_T	K_T	H	H	P_P	G_{2P}	K_P,G_{3P}	G_{1P}

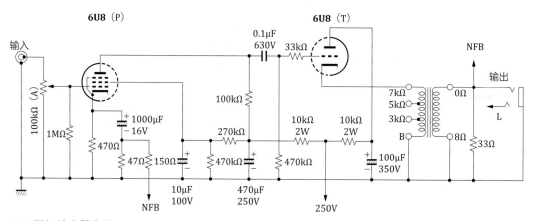

6U8 耳机放大器电路

6Z-DH3A

电压放大 检波用单二极－高放大系数旁热式三极复合管

6Z-DH3A

松下 6Z-DH3A

管座：UZ6– 大 6 脚

6Z–DH3A 及类似管的参数比较

管型	6Z-DH3A		6SQ7GT		6AV6		6AT6	
$E_h/V \times I_h/A$	6.3×0.3		6.3×0.3		6.3×0.3		6.3×0.3	
管座	UZ		US		小 7 脚		小 7 脚	
二极管部分	单		双		双		双	
E_p/V	100	250	100	250	100	250	100	250
I_p/mA	0.5	1.1	0.5	1.1	0.5	1.2	0.5	1.2
E_g/V	−1	−2	−1	−2	−1	−2	−1	−3
g_m/mS	0.925	1.175	0.9	1.1	1.25	1.6	1.3	1.2
μ	100	100	100	100	100	100	70	70
$r_p/M\Omega$	110	85	110	91	80	62.5	54	58

这是一款日本独有的收音机用电子管，规格相当于 6SQ7，但管座形状不同。与之类似的小型管有 6AV6 和 6AT6，但由于外形上是小 7 脚管，不怎么受欢迎。

收音机用管在信号电平较低的情况下，检波效果比二极管还好。

它是高放大系数瓶形管，可以用于电压放大。体型较大，不加装屏蔽罩可能会产生感应交流声。

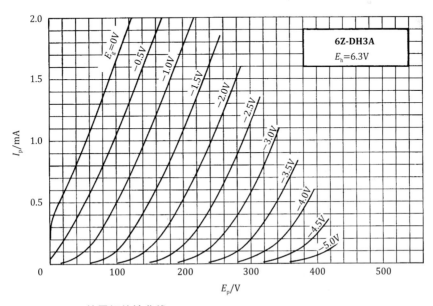

6Z–DH3A 的屏极特性曲线

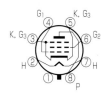

管座：US8– 大 8 脚

RAYTHEON 717A

电压放大 高频用锐截止旁热式五极管
717A

717A 的主要参数

$E_h/V \times I_h/A$		6.3×0.175
最大值	E_p/V	180
	P_p/W	1.85
	E_{g2}/V	120
	P_{g2}/W	0.55
	E_{h-k}/V	100
典型应用	E_p/V	120
	E_{g2}/V	120
	E_{g1}/V	−2
	I_p/mA	7.5
	I_{g2}/mA	2.5
	g_m/mS	4
	$r_p/k\Omega$	390

据说原型管是西电开发的，但后来公开了专利，各公司都可以生产。现在，市面上可以买到 RAYTHEON 和 TUNG-SOL 的产品。

这款电子管外形特殊，被称为"蘑菇管"，电极横向安装，引脚极短。在 UHF 频段，这种结构可以避免引线电感引发问题。

其低频特性与 6AK5 十分相似，可以参考 6AK5 的数据。

154

旁热式三极－五极复合管
7199

7199

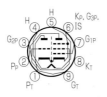

管座：MT9－小 9 脚

7199 的主要参数

$E_h/V \times I_h/A$		6.3 × 0.45	
		五极管部分	三极管部分
最大值	E_p/V	330	330
	P_p/W	3	2.4
	E_{g2}/V	330	—
	P_{g2}/W	0.6	
	$R_g/M\Omega$	0.25（固定偏压） 1.0（自偏压）	0.5（固定偏压） 1.0（自偏压）
	$E_{h\text{-}k}/V$	−200，+100	
典型应用	E_p/V	100	215
	E_{g2}/V	50	—
	I_p/mA	1.1	9.0
	I_{g2}/A	0.35	—
	E_{g1}/V	—	−8.5
	R_k/Ω	1000	—
	μ	—	17
	$r_p/k\Omega$	1000	8.1
	g_m/mS	1.5	2.1

专门设计用于 Hi-Fi 放大器的低噪声管，各单元可独立使用，三极管部分和五极管部分的交流声电压分别定义为 30μV、15μV（平均值，25Hz ～ 10kHz）。主要用途是倒相、音调控制和高增益电压放大，制作推挽功率放大器时，用一只 7199 就可以构成电压放大－倒相级。即使加上负反馈，增益也有余量。类似产品有为电视机开发的 6AN8。

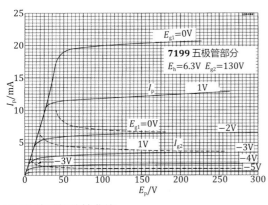

7199 的屏极特性曲线

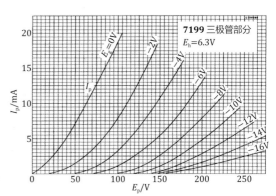

低放大系数旁热式三极管
76/56

松下 76

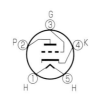

管座：UY5- 大 5 脚

76 的主要参数

$E_h/V \times I_h/A$		6.3 × 0.3 (2.5 × 1.0)
最大值	E_p/V	250
	P_p/W	1.4 (1.3)
	E_{h-k}/V	± 90
典型应用	μ	13.8
	$r_p/k\Omega$	12
	g_m/mS	1.15
	E_p/V	100
	I_p/mA	2.5
	E_g/V	−5

括号内是 56 的值。

76 可用于检波、振荡和放大等，不分高低频。56 的灯丝规格与其不同。

放大系数不高（μ=13.8），可以实现低失真率放大。相比代表性中放大系数三极管 6J5 的放大系数为 20、屏极电阻为 7.7kΩ，76 的特性稍显不足，不过符合传统观念认为的"低放大系数、高屏极内阻"是放大器发出好声音的前提条件。

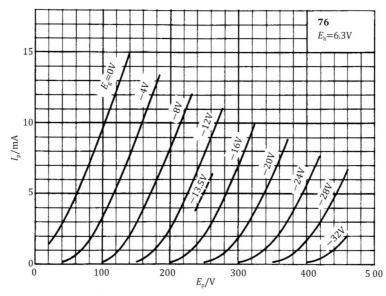

76 的屏极特性曲线

锐截止旁热式五极管
77 (VT-77)

电压放大

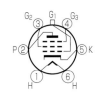

管座：UZ6– 大 6 脚

77 的主要参数

$E_h/V \times I_h/A$		6.3×0.3	
最大值	E_p/V	300	
	P_p/W	0.75	
	E_{g2}/V	100	
	P_{g2}/W	0.1	
典型应用	μ	715	19.8
	$r_p/k\Omega$	600	1000
	g_m/mS	1.1	1.25
	E_p/V	100	250
	E_{g2}/V	1.7	2.3
	I_p/mA	60	100
	I_{g2}/mA	0.4	0.5
	E_g/V	−1.5	−3

77/VT–77

　　77 是 1933 年由 RCA 开发的锐截止五极管，用于检波、振荡和高频放大。一开始 77 只面向商用和军用，后来被 6C6 淘汰，于 1942 年停产。除了帘栅极电压（77

为 $100V_{max}$，6J7 为 $300V_{max}$）和电极间电容，其他电气特性与后来的 6J7 相同。

　　77 常用于古典放大器中的前置放大器和功率放大器。虽然它的电气性能与 6C6 相同，但音质不同。

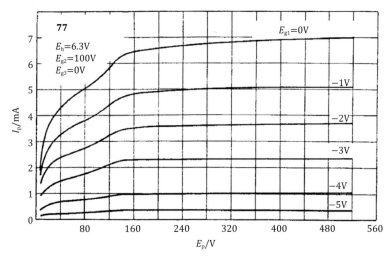

77 的屏极特性曲线

157

电话线路用旁热式五极管
C3g

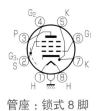

管座：锁式 8 脚

SIEMENS C3g

C3g 是原西德邮政公社的电话线路增音机用五极管，高可靠性、长寿命（保证10000h），个体差异小、绝缘性高。美制WE 418A 的特性与其相似，但 418A 是四极管。

C3g 的黑色外壳是薄薄的铝屏蔽罩，里面是漂亮的玻璃管壳。

同类管有灯丝规格和屏极耗散功率不同的 C3o 和 C3m。

C3g：E_h=6.3V，I_h=0.37A，P_p=3.5W

C3o：E_h=6.3V，I_h=0.40A，P_p=4.0W

C3m：E_h=20V，I_h=0.125A，P_p=4.0W

C3o 和 C3m 的灯丝不同。用作功率放大管，负载为 10kΩ 时，输出功率为1.2 ~ 1.5W。电压放大应选用 C3g，功率放大应选用 C3o。C3h 从灯丝电压来看，不太好用。

C3g 的主要参数

$E_h/V \times I_h/A$	6.3 × 0.37	
最大值		
E_p/V	220	
P_p/W	3.5	
E_{g2}/V	220	
P_{g2}/W	0.7	
I_k/mA	25	
E_{h-k}/V	± 120	
典型应用	标准接法	三极管接法
μ	42	40
$r_p/k\Omega$	300	2.3
g_m/mS	14	17
E_p/V	220	200
I_p/mA	13	17
E_{g2}/V	150	—
I_{g2}/mA	3.3	—
E_{g1}/V	115	(180Ω)

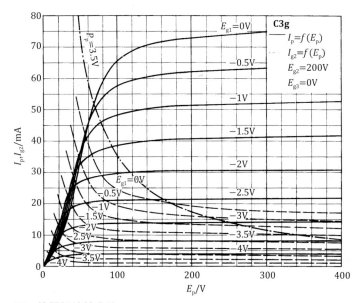

C3g 的屏极特性曲线

电压放大 中放大系数旁热式双三极管
ECC32 (CV181)

CV181

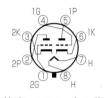

管座：US8－大8脚

ECC32 广受好评，也许是因为其独特的外形，也许是因为其音质，但是产品稀少，现在很难买到了。

6SN7 是 ECC32 的类似管，管脚配置相同，但 6NS7 的放大系数和屏极内阻小（μ=20，r_p=7.7kΩ），屏极耗散功率也只有 3.5W，不能直接代换。

ECC32 的灯丝电流和最大屏极耗散功率较大，很像功率放大管，能够轻松推动功率放大管。

ECC32 的主要参数

E_h/V $\times$ I_h/A		6.3$\times$0.95
最大值	E_p/V	300
	P_p/W	5
	I_p/mA	50
	R_{gmax}/MΩ	1.5
	$E_{h\text{-}k}$/V	50
典型应用	μ	32
	r_p/kΩ	14
	g_m/mS	2.3
	E_p/V	250
	I_p/mA	6
	E_g/V	-4.6

ECC32 属于瓶形管，是配用大8脚管座的中放大系数双三极管，主要用途为低频放大、倒相和多谐振荡。

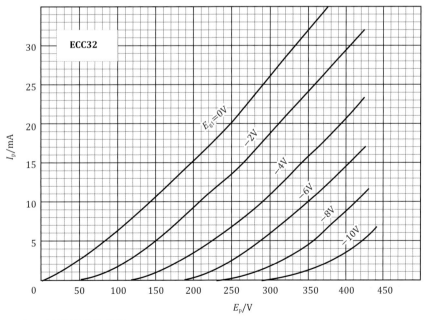

ECC32 的屏极特性曲线

159

中放大系数旁热式双三极管
ECC33

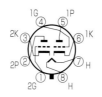

管座：US8- 大 8 脚

Mullard ECC33

ECC33 是英国电压放大管 ECC3X 系列的中放大系数筒形管，放大系数 $\mu=35$ 介于美国管 6SN7 和 6SL7 之间，屏极内阻不到 10kΩ。ECC33 虽然是为计算机开发的电子管，但也十分适合用作音频管，多用

ECC33 的主要参数

$E_h/V \times I_h/A$		6.3×0.4
最大值	E_p/V	300
	P_p/W	2.5
	I_p/mA	20
	$R_g/M\Omega$	1.5
	E_{h-k}/V	100
典型应用	μ	35
	$r_p/k\Omega$	9.7
	g_m/mS	3.6
	E_p/V	250
	I_p/mA	9
	E_g/V	-4

放大电路的特性

E_p/V	$R_p/M\Omega$	I_p/mA	$R_k/M\Omega$	$E_o : E_{sig}$	E_{omax}/V_{rms}
400	47	4.0	1.2	25.5	74
300	47	3.0	1.2	25	50
200	47	2.0	1.2	24.5	30.5

于 LEAK TL12 这类英系功率放大器。

用于放大电路时，放大系数为 25，输出电压最大可达 $74V_{rms}$。

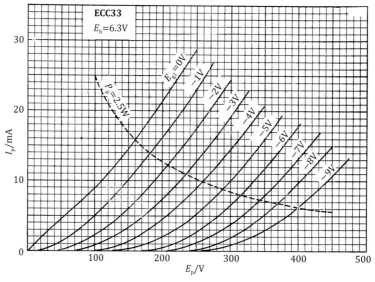

ECC33 的屏极特性曲线

低放大系数旁热式双三极管
ECC34

电压放大

Mullard ECC34

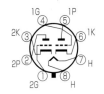

管座：US8– 大 8 脚

ECC34 的主要参数

$E_h/V \times I_h/A$		6.3×0.95
最大值	E_p/V	300
	P_p/W	3.25
	I_p/mA	50
	$R_{gmax}/M\Omega$	2
	$E_{h\text{-}k}/V$	50
典型应用	μ	11.5
	$r_p/k\Omega$	5.2
	g_m/mS	2.2
	E_p/V	250
	I_p/mA	10
	E_g/V	-16

ECC34 是 Mullard ECC3X 系列的低放大系数双三极管，外形与 ECC32 一样为瓶形，配用大 8 脚管座。

ECC34 的放大系数低至 11.5，屏极内阻为 5.2kΩ，是一款低放大系数、低内阻的电压放大管，主要用于电视机偏转线圈的推动。

ECC34 很独特，没有类似管，比 ECC32 还难以买到。

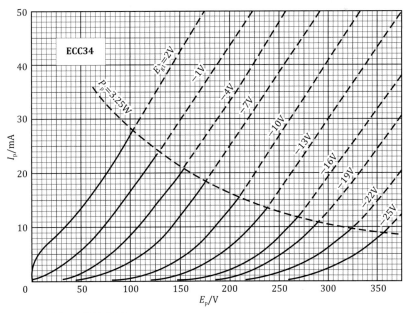

ECC34 的屏极特性曲线

161

CV569

电压放大

高放大系数旁热式双三极管
ECC35 (CV569)

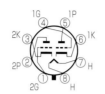

1G ④ 1P⑤
2K ③   ⑥ 1K
2P ②   ⑦ H
1G ① ⑧ H
2G

管座：US8- 大 8 脚

ECC35 的主要参数

$E_h/V \times I_h/A$		6.3×0.4
最大值	E_p/V	300
	P_p/W	1.5
	I_p/mA	8.0
	$R_{gmax}/M\Omega$	1.5
	E_{h-k}/V	90
典型应用	μ	68
	$r_p/k\Omega$	34.0
	g_m/mS	2.0
	E_p/V	250
	I_p/mA	2.3
	E_g/V	-2.5

阻容耦合电压放大电路的特性

E_p/V	$R_p/M\Omega$	I_p/mA	$R_k/M\Omega$	$E_o : E_{sig}$	E_{omax}/V_{rms}
400	100	1.3	2.7	2.7	66.2
300	100	1.0	2.7	2.7	48.7
200	100	0.65	2.7	2.7	28.5

　　ECC35 是英国电压放大管 ECC3X 系列的筒形管，放大系数高达 60，屏极内阻和放大系数与美国 6SL7 相当。它是为甲类电压放大开发的，故十分适合音频放大器使用。

　　屏极电压为 300V 时可获得约 40 的放大系数和最大 50V 的输出电压。

　　可惜，这款电子管也很难买到。

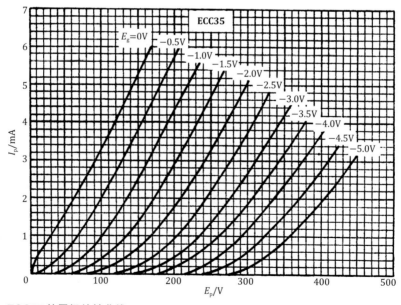

ECC35 的屏极特性曲线

中放大系数旁热式双三极管
ECC99

JJ ECC99

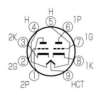

管座：MT9－小9脚

ECC99 的主要参数

$E_h/V \times I_h/A$		6.3×0.8（并联） 12.6×0.4（串联）
最大值	E_p/V	400
	P_p/W	5
	I_p/mA	60
	$E_{h\text{-}k}/V$	200
典型应用	μ	22
	$r_p/k\Omega$	2.3
	g_m/mS	9.5
	E_p/V	150
	I_p/mA	18
	E_g/V	-4

斯洛伐克 JJ Electronics 近代开发的产品，屏极特性曲线接近直线，且呈等距分布，其线性优良、失真率低，非常适合作电压放大与推动管。用作推动管时，其屏流较大，可获得相对高的推动能力。

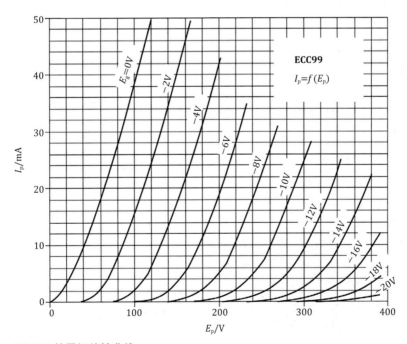

ECC99 的屏极特性曲线

锐截止旁热式五极管
EF37A

管座：US8– 大 8 脚

Mullard EF37A

欧洲开发的通用五极管。屏蔽罩与 1 脚相连，并且根据屏蔽涂料不同，外周颜色有红色和银色之分。音质评价一直很高。

EF37A 的特性与 6SJ7 差不多。不过，这款电子管是顶栅结构，用起来比较麻烦。

EF37A 的主要参数

$E_h/V \times I_h/A$		6.3 × 0.2
最大值	E_p/V	300
	P_p/W	1
	E_{g2}/V	125
	P_{g2}/W	0.3
	I_k/mA	6
	$R_g/M\Omega$	3
	E_{h-k}/V	100
典型应用	E_p/V	250
	E_{g2}/V	100
	E_{g1}/V	-2
	I_p/mA	3
	I_{g2}/mA	0.8
	g_m/mS	1.8
	$r_p/k\Omega$	2.5

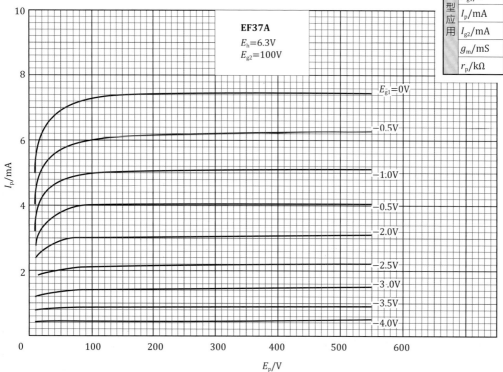

EF37A 的屏极特性曲线

电压放大

低噪声低频放大用旁热式五极管
EF86 (6267) /EF804S

TESLA EF86

松下 6267/EF86

EF86/PF86/
UF86/EF806S/
E80F/
管座：MT9– 小 9 脚

EF804/EF804S
管座：MT9– 小 9 脚

EF40
管座：锁 8 脚

经典音频放大用五极管，此管对灯丝交流声有严格控制。栅漏电阻，屏极耗散功率在 0.2W 以下时，最大值为 10MΩ；当屏极耗散功率在 0.2W 以上时，最大值为 3MΩ。EF40 的管座为特殊的锁 8 脚型，价格低廉。

EF86 的替代管

	EF86 6267	PF86	UF86	EF806S	EF804	EF804S	E80F	EF40
管座	小 9 脚	小 9 脚	小 9 脚	小 9 脚	小 9 脚	小 9 脚	小 9 脚	锁 8 脚
E_h/V	6.3	4.5	12.6	6.3	6.3	6.3	6.3	6.3
I_h/A	0.2	0.3	0.1	0.2	0.2	0.17	0.3	0.2
P_p/W	1	1	1	1	1.5	1	1.3	1
P_{g2}/W	0.2	0.2	0.2	0.2	0.2	0.2	0.4	0.2
g_m/mS	2.2	2	2	2	2	2	1.85	1.85
μ_{g2}	38	38	38	38	38	38	25	38
管脚配置	9CQ	9CQ	9CQ	9CQ	—	—	9CQ	—

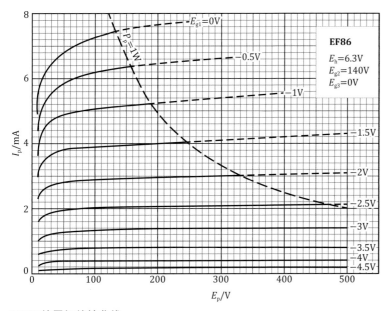

EF86

E_h=6.3V
E_{g2}=140V
E_{g3}=0V

I_p/mA ， E_p/V

$-E_{g1}$=0V
P_p=1W
$-0.5V$
$-1V$
$-1.5V$
$-2V$
$-2.5V$
$-3V$
$-3.5V$
$-4V$
$-4.5V$

EF86 的屏极特性曲线

EF86 的主要参数

E_h/V × I_h/A	6.3 × 0.3		
最大值			
E_p/V	250		
E_{g3}/V	0		
E_{g2}/V	140		
E_{g1}/V	−2.2		
I_p/mA	3.0		
I_{g2}/mA	0.6		
g_m/mS	2.2		
μ	38		
r_p/kΩ	2500		
典型应用（放大）			
E_p/V	150	250	350
R_p/kΩ	100	100	100
R_{g2}/kΩ	390	390	390
R_k/kΩ	1	1	1
I_k/mA	1.05	2.0	2.75
E_o/V_{rms}	27	50	74

旁热式三极管
ML4/ML6 (VT-105) /MH4 (VR37) /MHL4

ML6（VT–105）

MH4（VR37)

管座：UF5– 英 5 脚

英国特有的小型管。内部结构很牢靠，数据表显示其振动噪声可忽略不计。配用 UF-5 型管座。另外，VT-105 和 VR37 是英国空军专用的型号。ML4 只有灯丝规格不同于 ML6（E_h=6.3V，I_h=0.7A）。

放大系数方面，ML4 为 12，MHL4 为 20，MH4 为 40。

ML4/MH4/MHL4 的主要参数

	ML4	MH4	MHL4
$E_h/V \times I_h/A$	4×1	4×1	4×1
最大值			
E_p/V	250	200	250
P_p/W	5.0	4	2.5
特性（E_p=100V，E_g=0）			
μ	12	20	40
$r_p/k\Omega$	2.86	8	11.1
g_m/mS	4.2	2.5	3.6
典型应用（甲类单端）			
E_p/V	150	150	150
I_p/mA	13	6	4.2
E_g/V	–8	–4	–2
R_k/Ω	650	850	700
$R_L/k\Omega$	7	—	50

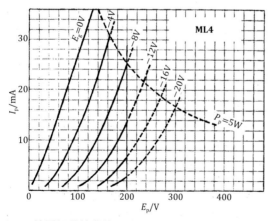

ML4 的屏极特性曲线

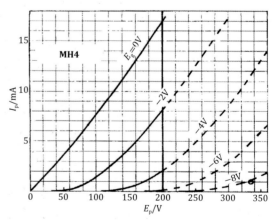

MH4 的屏极特性曲线

整

流

小功率整流用（直热式 / 旁热式）二极管
12F/5M-K9

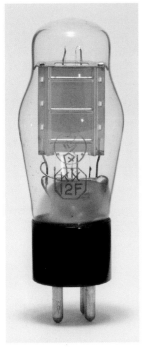

MAZDA 12F

东芝 5M-K9

12F
管座：UX4- 大 4 脚

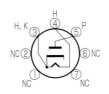

5M-K9
管座：MT-7 小 7 脚

12F 的主要参数

$E_h/V \times I_h/A$		5×0.5
最大值	e_{px}/V	850
	i_{pm}/mA	240
	I_o/mA	40
	i_{hs}/A	1.5
典型应用	工作状态	电容滤波
	E_p/V	300
	Z_s/Ω	0
	$C_f/\mu F$	4
	I_o/mA	365(20mA)
		320(40mA)

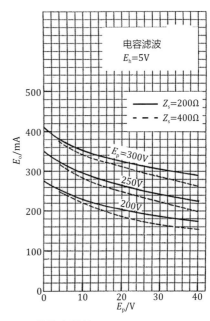

12F 的输出特性

（图中标注）电容滤波 $E_h=5V$；$Z_s=200\Omega$；$Z_s=400\Omega$；$E_p=300V$；250V；200V

12F 是日本独有的整流管，曾广泛用作日本产再生式三管、四管收音机的整流管。二战后，随着超外差式收音机成为主流，12F 因电流容量不足，逐渐被淘汰。

12F 是直热管，通电就会产生屏极电压，而当时的电解电容器性能欠佳，容易爆炸。鉴于此，旁热式半波整流管 12FK 和 12BK 伺机面市。它们都是瓶形管，但后来被改成了小型管 5M-K9，并增大了电流容量（I_o=60mA），继而成了收音机整流管的主流。

12F 的电流容量为 40mA，无法提供功率放大器所需电流。用双管作全波整流可以提供 80mA 电流，应该可以满足小型单端放大器的需要。用于前置放大器的电源时，电容滤波电路输入侧电容不能超过 4μF，且屏极应该串接几十欧的保护电阻。

12F 的屏极内阻高，屏极电压低。要注意的是，电子管本身的温度非常高，应充分散热。

全波整流用直热式双二极管
274A/274B

WE 274B

274A
管座：UX4– 大 4 脚

274B
管座：US8– 大 8 脚

WE 274 的主要参数

$E_f \times I_f$	5.0V × 2.0A	
最大值	扼流圈滤波	电容滤波
E_p	660V/550V	450V
全波整流输出电流	200mA[①]/160mA	150mA[②]
电路条件	L_{inmin}=3H	R_{smin}=100Ω
典型应用	扼流圈滤波	电容滤波
交流屏极电压	550V_rms	450V_rms
直流输出电流	160mA	140mA
直流输出电压	430V	475V
电路条件	L_{inmin}=5H	C_{in}=4μF

注：274B 提高为 ① 225mA，② 160mA。

WE274 是西电 1931 年推出的直热式双二极整流管，电流容量介于 80 与 5Z3 之间。早期是 4 脚茄形管，后来改成了瓶形管。

274A 的特性与 5R4 相似，但其蝴蝶结状灯丝较宽，电流密度较小，屏极支柱在外、电极在内。这与 5R4、5U4G 等常规整流管相反，因此外观也显得苗条。发展型为 274B，改用大 8 脚管座，最大额定电流也增大了一些。

电容滤波电路输入侧电容需在 4μF 以下，屏极回路电阻在 100Ω 以上。扼流圈电感量要大于 3H。超额使用会导致灯丝氧化物剥落。274A/274B 是难得的整流管，值得珍惜。

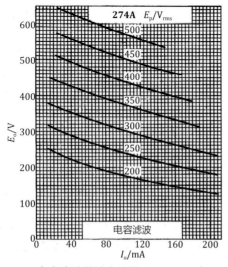

274A 电容滤波的输出特性

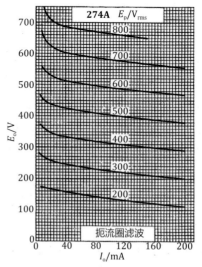

274A 扼流圈滤波的输出特性

全波整流用旁热式双二极管
422A

WE 422A

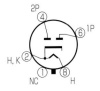

管座：US8– 大 8 脚

WE 422A 是与稳压电源调整管 WE 421A 成对开发的旁热式全波整流管，电极结构上除了栅极完全相同。

422A 甚至比大型整流管 GZ37、GZ3 和 Z2c 的效率更高，电流更大。

主要参数：灯丝电压 $5.0V \pm 10\%$，灯丝电流 3A，反向耐压 $1800V_{max}$，峰值电流 0.9A，平均最大电流 0.4A。

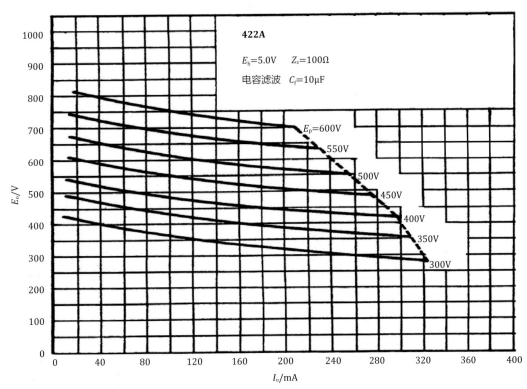

422A 的输出特性

全波整流用旁热式双二极管
5AR4/GZ34

松下 5AR4

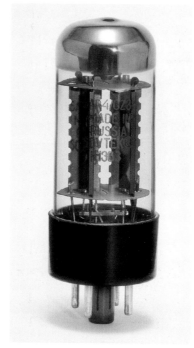
SOVTEK 5AR4/GZ34

管座：US8- 大 8 脚

　　筒形管，灯丝规格为 5V×1.9A，因其整流效率极高，与其他整流管代换时需检查输出电压。最大电流虽小于 5U4GB，但由于其效率极高，比 5U4GB 更适合用作电源电路调整管。

　　电容滤波电路输入侧电容高达 60µF 也是其特色之一。直流输出应从 8 脚获得。如果从 2 脚取，涌浪电流会使灯丝受损。

5AR4 整流特性（电容滤波，60µF）

交流电压 ×2/V	特性阻抗 /Ω	最大电流 /mA	输出电压 /V
300	50 以上	250	330
350	75 以上	250	380
400	100 以上	250	430
450	125 以上	250	480
500	150 以上	200	560
550	175 以上	160	640

5AR4 整流特性（扼流圈滤波，10H）

交流电压 ×2/V	特性阻抗 /Ω	最大电流 /mA	输出电压 /V
300	0	250	240
350	0	250	283
400	0	250	326
450	0	250	370
500	0	250	415
550	0	225	460

高压全波整流用直热式双二极管
5R4

Philips ECG 5R4GA

Chatham 5R4WGA

Cetron 5R4WGB

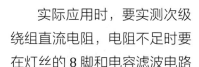

管座：US8– 大 8 脚

这款整流管的屏极反向耐压高达2800V，可用于交流 1000V 全波整流电路。常见的 5AR4 和 5Z3 的反向耐压只有550V。

在高压条件下使用 5R4 时要注意，各屏极回路电阻最小值为 Z_s=575Ω，电容滤波电路输入侧电容最大值为 4μF。

对于电容滤波，遵守 Z_s 限值固然重要，但电压越高、匝数越大，交流绕组的电阻也会增大，设计上无需多虑。高压可能会导致管内打火，尤其要注意。

实际应用时，要实测次级绕组直流电阻，电阻不足时要在灯丝的 8 脚和电容滤波电路输入侧电容之间串入固定电阻。使用 5R4 的高可靠性型号 5R4WGA 或 5R4WGB 时也许能增大至 8μF，有待证实。

对于扼流圈滤波，Z_s=0Ω 也没有问题，而且电压调整率良好，特别适合乙类放大器屏极高压电源电压剧烈变动的工况。

5R4 的主要参数

E_f/V $\times$ I_f/A		5.0 $\times$ 2.0	
最大值			
e_{px}/V	屏极反向耐压	2800	
i_{pm}/mA	屏极最大电流（每个屏极）	650	
典型应用（满负荷）		电容滤波	扼流圈滤波
E_p/V	交流输入电压	1000	1000
Z_s/Ω	屏极回路电阻（每个屏极）	575	—
C_f/μF	滤波电容	4	—
L_f/H	滤波扼流圈电感	—	10
I_o/mA	整流输出电流	150	175

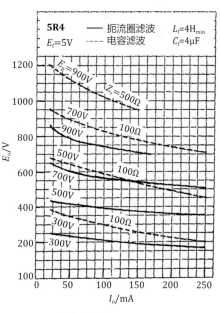

5R4 的输出特性

大功率全波整流用直热式双二极管
5U4G/5X4G/5Z3

RCA 5U4G

5U4G
管座：US8- 大 8 脚

5X4G
管座：US8- 大 8 脚

5Z3
管座：UX4- 大 4 脚

5U4G 的主要参数

$E_f/V \times I_f/A$		5.0 × 3.0	
最大值			
e_{px}/V	屏极反向耐压	1550	
i_{pm}/mA	屏极最大电流（每个屏极）	675	
典型应用（满负荷）		电容滤波	扼流圈滤波
E_p/V	交流输入电压	450	550
Z_s/Ω	屏极回路电阻（每个屏极）	75	—
$C_f/\mu F$	滤波电容	40	—
L_f/H	滤波扼流圈电感	—	3
I_o/mA	整流输出电流	—	225

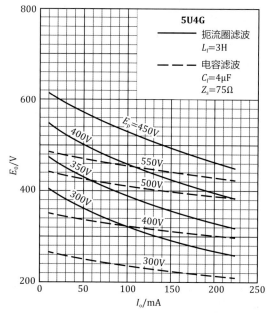

5U4G 的输出特性

5U4G 是应用非常广泛的直热式全波整流管，特性相同的整流管有 5Z3 和 5X4G。5Z3 配用的是早期的 UX4 型管座，5U4G 和 5X4G 配用的是 US8 型管座。

电容滤波电路输入侧电容，5U4G 在 450V 下的最大值为 40μF。考虑容量误差，实际不超过 33μF。

整流管受损的最大原因是冲击电流，这与电源变压器次级绕组的直流电阻、初级反射到次级的电阻有关。以桥本电气电源变压器 PT-180 为例，280V 绕组的电阻约 42Ω，小于 5U4G 的 Z_s 额定值 75Ω，本应串联 33Ω 电阻，而实际 280V 低于 E_p 最大值（450V），不加 33Ω 电阻也能正常工作。

为了能与旁热式管互换，直流输出须从 8 脚取出，从灯丝侧取会残留 50Hz 或 60Hz 的交流噪声。此外，最好采用有中间抽头灯丝绕组。

大功率全波整流用直热式双二极管
5U4GB

电容滤波电路输入侧电容，5U4GB 最大值为 40μF，屏极电压约 300V 时能得到 300mA 的电流。可见，5U4GB 对 5U4G 向上兼容。

灯丝规格为 5V×3.8A，在电源变压器容量够用的情况下同样可以使用。

管座：US8- 大 8 脚

GE 5U4GB

东芝 5U4G

5U4GB 的主要参数

$E_f/V \times I_f/A$		5×3.0
最大值		
e_{px}/V	屏极反向耐压	1550
i_{pm}/mA	屏极最大电流（每个屏极）	1

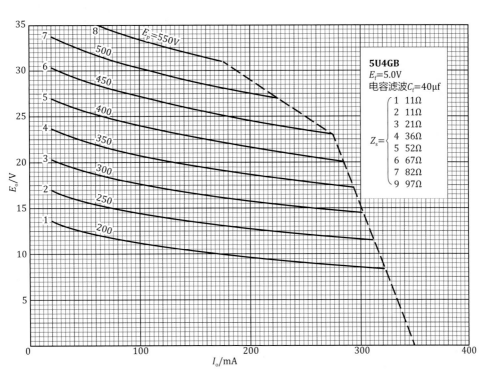

5U4GB 的输出特性

中功率全波整流用旁热式双二极管
5V4GT

5V4GT

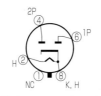

管座：US8- 大 8 脚

整流效率高，性能接近 5AR4。瓶形管 5V4G 配用大 8 脚管座，最大输出电流 175mA；Z_s=100Ω，只靠电源变压器绕组直流电阻勉强够用，安全起见，最好串接 50Ω 左右的保护电阻。扼流圈滤波电感量最小 4H。

5V4G 的主要参数

$E_h/V \times I_h/A$		5.0 × 2.0	
最大值			
e_{px}/V	屏极反向耐压	1400	
i_{pm}/mA	屏极最大电流（每个屏极）	525	
I_o/mA	整流输出电流	175	
典型应用（满负荷）		电容滤波	扼流圈滤波
E_p/V	交流输入电压	375	500
Z_s/Ω	屏极回路电阻（每个屏极）	100	—
$C_f/\mu F$	滤波电容	8	—
L_f/H	滤波扼流圈电感	—	4
I_o/mA	整流输出电流	175	175
E_o/V	整流输出电压	415	415

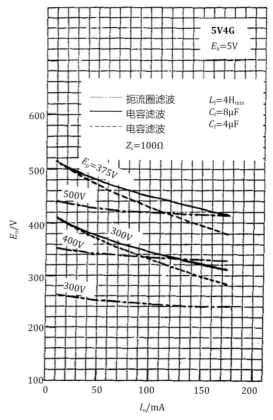

5V4G 的输出特性

中功率全波整流用直热式双二极管
5Y3

东芝 5Y3GT

管座：US8– 大 8 脚

5Y3 的主要参数

$E_f/V \times I_f/A$		5.0 × 2.0	
最大值			
e_{px}/V	屏极反向耐压	1400	
i_{pm}/mA	屏极最大电流（每个屏极）	400	
典型应用（满负荷）		电容滤波	扼流圈滤波
E_p/V	交流输入电压	350	350
Z_s/Ω	屏极回路电阻（每个屏极）	50	—
$C_f/\mu F$	滤波电容	10	—
L_f/H	滤波扼流圈电感	—	10
I_o/mA	整流输出电流	125	150
E_o/V	整流输出电压	350	245

前身是瓶形管 UX-80，后来被改成筒形管，是非常好用的整流管，同等管有旁热式 80K 和 5CG4GT。

电容滤波，电源变压器次级绕组电压不超过 AC 350V 时，次级直流电阻一般高于 Z_s，不需额外串联电阻；如果使用更高的电压，则最好串入 100Ω 左右的保护电阻更为安全。电容滤波电路输入侧电容为

10μF，忌超限使用。

电压不超过 AC 350V 时，最大输出电流为 125mA，使用更高电压时须减小电流。

扼流圈滤波，在 AC 500V 以下可轻松获得 125mA 的直流电流。由特性图可知，扼流圈电感为 10H。

众所周知，5Y3 的内阻较高，整流效率低，但它的音质十分优秀。

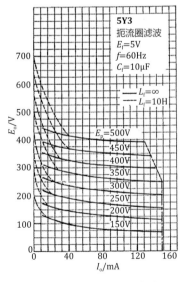

5Y3 的输出特性（扼流圈滤波）

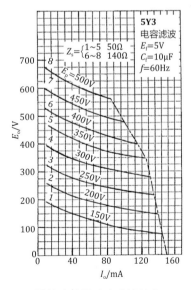

5Y3 的输出特性（电容滤波）

大功率全波整流用直热式双二极管
5Z3

整流

5Z3

管座：UX4- 大 4 脚

5Z3 在 RCA 产品分类中属瓶形管。外观与 2A3 相同，常用于 2A3 单端放大器。

整流输出电流达 225mA，对于 2A3 推挽放大器，单管勉强够用。它的同等管 5U4G 只是改成了筒形，特性完全相同。

交流输入电压最高可达 550V，但屏极回路电阻不得低于 230Ω。一般在灯丝和电容滤波电路输入侧电容之间插入 100Ω 左右的电阻就可以正常工作了。此外，电容滤波电路输入侧电容不得超出 10μF。

5Z3 的主要参数

$E_f/V \times I_f/A$		5.0×3.0	
最大值			
e_{px}/V	屏极反向耐压	1550	
i_{pm}/mA	屏极最大电流（每个屏极）	675	
典型应用（满负荷）		电容滤波	扼流圈滤波
E_p/V	交流输入电压	550	550
Z_s/Ω	屏极回路电阻（每个屏极）	230	—
$C_f/\mu F$	滤波电容	10	—
L_f/H	滤波扼流圈电感	—	10
I_o/mA	整流输出电流	156	225
E_o/V	整流输出电压	590	440

扼流圈滤波时，电感量 10H 就可以正常工作，但是若屏极电源电流极小，则要在屏极电源和地之间插入泄放电阻，增大屏极电源电流。这样可以获得扼流圈滤波的最大优势——电压调整率低。

5U4GB 是改良后的 5Z3，这种电子管的等效内阻低，整流效率高，输出电压偏高。

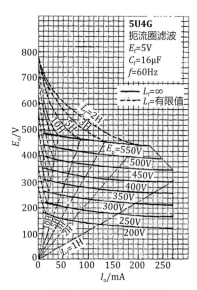

5U4G 的输出特性（电容滤波）

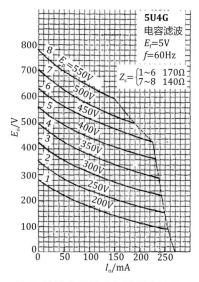

5U4G 的输出特性（扼流圈滤波）

全波整流用旁热式双二极管
5Z4 (GZ30)

5Z4

管座：US8– 大 8 脚

5Z4 是中型全波整流用筒形双二极管。电容滤波时，交流输入 350V，可以输出 125mA 的直流电流。滤波电容的最大值为 32μF。

5Z4 按外形可分为金属管、大型玻璃管、筒形玻璃管和金属玻璃管等，品类丰富。

使用金属管时，为防止触电，1 脚须接地。5Z4 可以与直热式管 5Y3 互换，只是 5Z4 的输出电压会高一些。

5Z4 的主要参数

$E_h/V \times I_h/A$		5.0×2.0	
最大值			
e_{px}/V	屏极反向耐压	1400	
i_{pm}/mA	屏极最大电流（每个屏极）	2.0	
典型应用（满负荷）		电容输入	扼流圈滤波
E_p/V	交流输入电压	350	500
Z_s/Ω	屏极回路电阻（每个屏极）	30	—
$C_f/\mu F$	滤波电容	32	—
L_f/H	滤波扼流圈电感	—	5
I_o/mA	整流输出电流	125	125

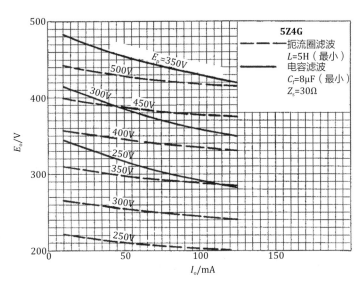

5Z4 的输出特性

整流 全波整流、检波用双二极管
6AL5

Philips 6AL5

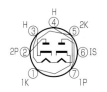

管座：MT–7 小 7 脚

这款电子管多用于电视机、收音机和 FM 调谐器的检波，但最早被半导体器件取代的也是它。它的检波性能并不差，只是用半导体器件检波可以省去灯丝功率，更有吸引力。

在音频领域，它还是用作电源整流管。它的屏极电压为 117V，每个单元的最大屏极电流为 9mA，使用方法受限。若非用不可，它可以用于偏压电源，但存在旁热式管的灯丝预热时间问题。

如果屏极电压在 150V 下，也并非不能用于唱机均衡器的电源整流，但是不如用 6X5 方便。如今，6AL5 已经逐渐被人们淡忘了。

6AL5 的 E_{pmax}=117V，Z_s= 屏极电压绕组电阻 + 电子管内阻 =300Ω。因此要留出余量，建议串接 300Ω 保护电阻。输入电容为 8μF。

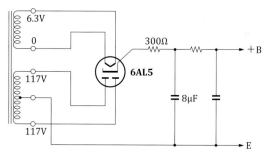

6AL5 的整流管应用示例

	6AL5 的主要参数	
	E_h/V × I_h/A	6.3 × 0.3
规格	e_{px}/V	330
	i_{pm}/mA	54
	E_p/V	150
	I_o/mA	9
	i_{hs}/mA	0.25
	E_{h-k}/V	± 330
典型应用	E_p/V	117
	Z_s/Ω	300
	C_f/mA	8
	I_o/mA	18
	R_L/kΩ	7.5

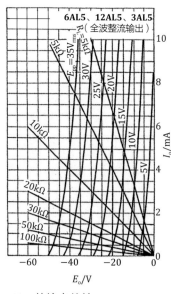

6AL5 的输出特性

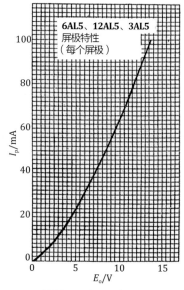

6AL5 的屏极特性曲线

全波整流用旁热式双二极管
6CA4 (EZ81)

TESLA EZ81

Electro–Harmonix 6CA4

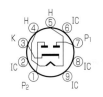

管座：MT9– 小 9 脚

EZ81 的主要参数

E_h/V × I_h/A			6.3 × 1.0
最大值	e_{px}/V	屏极反向耐压	1000
	i_{pm}/mA	屏极最大电流（每个屏极）	450
	E_p/V	交流输入电压	350
	I_o/mA	整流输出电流	150
	E_{h-k}/V	灯丝 – 阴极耐压	500

　　6CA4 是小 9 脚全波整流用双二极管，E_{h-k} 达 500V，灯丝电压 6.3V，可以与其他电子管同样使用 6.3V 灯丝绕组。

　　它比 6X4 更大型，电容滤波时，交流输入 350V，可以输出 150mA 的直流电流。

　　用作 6BQ5 功率放大器的整流管时，外观上十分协调。

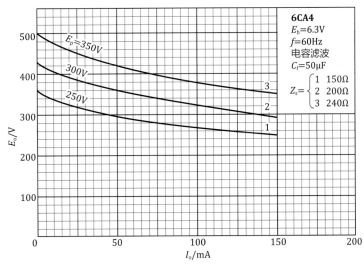

6CA4 的输出特性

小功率全波整流用旁热式双二极管
6X4/6Z31/EZ80/6BX4/6X5

东芝 6X4　　　　松下 6X4　　　　6BX4

小 7 脚全波整流双二极管，E_{h-k} 高达 450V，灯丝电压为 6.3V，可以与其他电子管使用相同的灯丝绕组。

电容滤波时，交流输入 325V，可以输出 70mA 的直流电流，滤波电容的最大值为 10μF。

TESLA（捷克斯洛伐克）型号为 6Z31，MAZDA（法国）的向上兼容型号为 6BX4。

代换品有 C_f 最大值为 32μF 的 E90Z，小 9 脚管 EZ80，筒形管 6X5。如果将 C_f 控制在 4μF 以下，则它们的特性相同。中国独有的小 7 脚整流管 6Z4 值得推荐，但它完全是另外一种管。

6X4 及代换管型的参数比较（电容滤波）

管型	6X4	6Z31	E90Z(6063)	6BX4	EZ80(64)	6X5	7Y4	6Z4(84)
管座	小 7 脚	小 7 脚	小 7 脚	小 7 脚	小 9 脚	US	锁式	5 脚
E_h/V	6.3	6.3	6.3	6.3	6.3	6.3	6.3	6.3
I_h/A	0.6	0.6	0.6	0.6	0.6	0.6	0.5	0.5
E_{h-k}/V	450	450	450	500	500	450	450	450
e_{px}/V	1250	1000	1250	1500	1000	1250	1000	1000
E_o/mA	70	70	70	90	90	70	60	60
C_f/μF	10	4	32	50	50	—	4	4

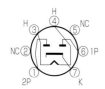

6X4/6Z31/
E90Z/6BX4
管座：MT7– 小 7 脚

EZ80
管座：MT9– 小 9 脚

6X5
管座：US8– 大 8 脚

7Y4
管座：锁式 8 脚

6Z4
MT7– 小 7 脚

全波整流用旁热式双二极管
6Z4 (84)

84/6Z4

管座：UY5– 大 5 脚

6Z4 的主要参数

$E_h/V \times I_h/A$		6.3×0.5	
最大值			
e_{px}/V	屏极反向耐压	1250	
i_{pm}/mA	屏极最大电流（每个屏极）	180	
E_{h-k}	灯丝 – 阴极耐压	450	
典型应用（满负荷时）		电容滤波	扼流圈滤波
E_p/V	交流输入电压	325	450
Z_s/Ω	屏极回路电阻（每个屏极）	65	—
$C_f/\mu F$	滤波电容	4	—
L_f/H	滤波扼流圈电感	—	10
I_o/mA	整流输出电流	60	60

5 脚全波整流双二极管，E_{h-k} 高达 450V，灯丝电压为 6.3V，可以与其他电子管使用相同的灯丝绕组。

电容滤波时，交流输入 325V，可以输出 600mA 的直流电流。滤波电容最大值为 40μF，同时屏极回路电阻最小为 650Ω。通常认为 10μF 为安全值。

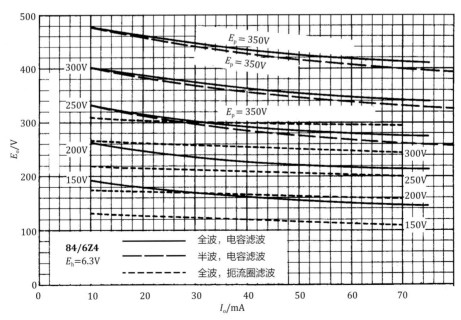

6Z4/84 的输出特性

旁热式双二极管
EYY13

EYY13

管座：特制 8 脚

EYY13 的主要参数

$E_h/V \times I_h/A$	6.3×2.5	
最大值（电容滤波）		
E_p/V	550	400
全波整流输出电流 /mA	250（最小值）	350（最小值）
半波整流输出电流 /mA	125（最小值）	175（最小值）
负载电容 $C_{Lmax}/\mu F$	32（最小值）	
绕组电阻 R_{Emin}/Ω	80（$E_p < 350V$）100（$350V < E_p < 500V$）	

　　由 2 个独立的二极管组成，体积比人们熟知的 GZ34 还大（GZ34 的 E_p=400V，全波输出电流为 250mA）。

　　常见的整流管都以全波整流为目的，因此阴极是共用的。而 EYY13 的阴极是独立的，单管即能构成倍压整流电路，用两管就能组成桥式整流电路。

旁热式双二极管
GZ32 (DAR10)

MINIWATTERS GZ32/
DAR10

2P ④
⑥ 1P
H ②
NC ① ⑧ K, H

管座：US8– 大 8 脚

GZ32 是与 5V4G 和 5V4GC 有相同整流特性的中型整流管，与大一个规格的圆顶管 GZ34 相比，其独特的外形更具魅力。

电容滤波电路输入侧电容和串联电阻 R_t 的最小值有如下限制：60μF—150Ω，32μF—100Ω，16μF—50Ω。

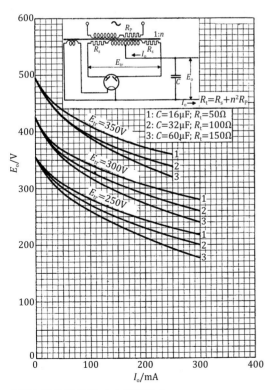

$R_t = R_s + n^2 R_p$

1: $C=16\mu F$; $R_t=50\Omega$
2: $C=32\mu F$; $R_t=100\Omega$
3: $C=60\mu F$; $R_t=150\Omega$

$E_{tr}=350V$
$E_{tr}=300V$
$E_{tr}=250V$

GZ32 的输出特性（电容滤波）

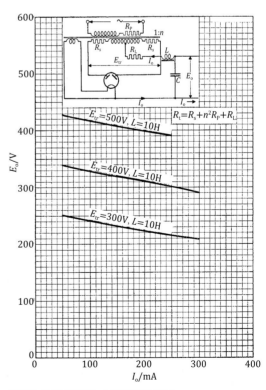

$R_t = R_s + n^2 R_p + R_L$

$E_{tr}=500V, L=10H$
$E_{tr}=400V, L=10H$
$E_{tr}=300V, L=10H$

GZ32 的输出特性（扼流圈滤波）